酒鬼酒地理生态环境保护区
自然生态背景调查及生态功能研究

袁志忠　陈功锡　张鹤鹑　著

东南大学出版社
SOUTHEAST UNIVERSITY PRESS
·南京·

内 容 提 要

　　本书根据酒鬼酒地理生态环境保护区的基本特征,运用生态学的方法,首先对酒鬼酒地理生态环境保护区自然生态背景调查相关技术规程进行了系统阐述。其次,着重研究了酒鬼酒地理生态环境保护区生态环境因子,特别是土壤、水中的微量元素等的分布规律。再其次,在对酒鬼酒地理生态环境保护区进行生态环境调查分析的基础上,进一步对保护区内水和土壤环境质量进行了分析与评价,并就生态保护等七个方面的问题进行了深入研究,主要包括:(1) 小气候特征;(2) 土壤环境特征;(3) 水环境特征;(4) 植被与植物资源;(5) 植物区系多样性特征;(6) 主要植物群落结构特征;(7) 生态功能重要性。根据上述七个方面的研究,本书最后提出关于实施生态补偿、加强酒鬼酒地理生态环境区生态功能保护的建议,该建议从生态补偿的定义出发,论述了在酒鬼酒地理生态环境保护区建立生态补偿的必要性与可行性,并针对酒鬼酒地理生态环境区生态功能保护提出了八条构建可持续性生态补偿机制的对策建议。

图书在版编目(CIP)数据

　　酒鬼酒地理生态环境保护区自然生态背景调查及生
态功能研究/袁志忠,陈功锡,张鹤鹋著.—南京:东
南大学出版社,2021.9
　　ISBN 978－7－5641－9658－5

　　Ⅰ.①酒…　Ⅱ.①袁…　②陈…　③张…　Ⅲ.①区域生
态环境-生态环境保护-研究-吉首　Ⅳ.① X321.264.4

　　中国版本图书馆 CIP 数据核字(2021)第 181613 号

酒鬼酒地理生态环境保护区自然生态背景调查及生态功能研究

著　　者	袁志忠　陈功锡　张鹤鹋		责任编辑	陈　跃	
电　　话	(025)83795627		电子邮箱	chenyue58@sohu.com	
出版发行	东南大学出版社		出 版 人	江建中	
地　　址	南京市四牌楼 2 号		邮　　编	210096	
销售电话	(025)83794121				
网　　址	http://www.seupress.com		电子邮箱	press@seupress.com	
经　　销	全国各地新华书店		印　　刷	南京玉河印刷厂	
开　　本	787mm×1092mm　1/16		印　　张	12.25	
字　　数	267 千字				
版 印 次	2021 年 9 月第 1 版　2021 年 9 月第 1 次印刷				
书　　号	ISBN 978－7－5641－9658－5				
定　　价	60.00 元				

　　(凡因印装质量问题,请与我社营销部联系。电话:025－83791830)

目　录

第一部分

酒鬼酒地理生态环境保护区自然生态背景调查方法

第一章　地表水调查方法

一、水样采集方法

水质分析成果是水文地质、工程地质、环境地质和环境质量评价的重要依据,水样的采取与保存是水质分析工作的重要环节,是保证水样中被测组分真实性的首要条件。

要取得有代表性的正确数据,不仅要考虑分析方法、分析技术的科学性和严密性,更重要的是要考虑从采样到分析这段时间内如何防止样品不发生物理、化学以及生物的变化,使水化学分析数据具有与现代测试技术水平相应的准确性和先进性,不断提高水样分析成果的可比性和应用效果。因此,必须严格遵守水样的采取、保存和送检要求。知道水样的类型和不同水样的采集方法,制定统一的自然保护区水样采集技术,有利于水样的采取、保存和送检,有利于水样的标准化整理和数字化表达等基础性工作。

1. 采集时间和地点的确定

（1）采集时间的确定

在采集工作开始前,必须了解调查地的地理、地形、气候、交通、伙食、住宿条件等,选择和确定采集的具体时间和地点,准备图书资料,进行安全防范,学习水样采集方面的知识以及准备采样容器、用具等,确定水样采集的类型和水样采集的份数。

在采样中根据采集水样的目的、水体污染物的类型来确定采集水样的类型。①瞬时水样:指某一时间和地点从水体中随机采集的分散水样,适用于水质稳定,或组分在一定时间或空间范围内变化不大的水体。②混合水样:同一样点不同时间所采集的瞬时水样的混合样(按一定比例),适用于观察水体的平均浓度,不适用于水体在储存过程中发生明显变化的水样。③综合水样:不同采样点同时采集的各个瞬时水样混合后得到的样品,可以知道水体在同一时间不同空间的水质情况。

此外,水体有枯水期、丰水期、平水期,因此,决定外出采集的时间时,还应考虑到生态保护区中水体的汛期。地面水环境是一个开放性系统,其物质交换、能量变化既存在时间和空间的周期性变化,规律也有突变性,确定监测频率应能有最大把握捕捉这种规律和突变性。为了掌握水质的季节变化,一般地面水的常规监测,每月采样一次,某些重要控制断面,如需了解一日内和数日之间的水质变化,也可在一日内按一定时间或三日内按不同等分时间进行采样监测,城市主要受纳污水或废水的河、渠每年应在丰、枯水期各采样一次。环境专家认为,在采样经费和样品都固定的情况下,适当增加采样频率比增设断面更有意义。

每种类型的水样采集五个平行样,写同一编号,且每份样都要系上号牌。当采集地为采集空白或薄弱地区时,还可以适当多采。

(2)采集地点的确定

流过或汇集在地球表面上的水,如海洋、河流、运河、湖泊、水库、池塘、沟渠中的水,称为地面水,也叫地表水。地面水系统的开放性和随之存在的不确定性、无样本性、随机性、离散性以及突变性,决定了采样的复杂性。重点河流、运河采集地点的确定一般遵循以下原则:先确定采样断面,再确定断面垂线,最后确定采样点。

① 采样断面。欲了解某水体的质量状况,需设置三种断面:A. 对照断面(背景断面):具有判断水体污染程度的参比和对照作用,或提供本底浓度的断面,对于一条河流特别是流经城市和工业区的河流,通常将其设置在河流进入城市或工业区之前,尽可能避开工业废水、生活污水或回流水影响,尽可能远离农药或化肥施用区,尽可能避开水土流失严重区域,尽可能避开主要交通线且交通相对较方便、水文条件较稳定和较平直的河段上。B. 控制断面:为及时掌握受污染水体的现状和变化动态,进而进行污染控制的断面,控制断面对控制整个水域(或河段)水质状况及流域内80%污染负荷和80%水面应能得到最佳反映,重要排污口上下游的控制断面应设在距排污口500~1 000 m处,以反映废(污)水入河后的污染状况。C. 消减断面:应设在控制断面下游污染物得到充分稀释的地方。由于河水与废水(或污水)充分混合常常延伸到几十公里处,而水流速度大的河段还将更远。对于一个区域,可延伸至边界水域处,对于水量小的河流消减断面常设在最后一个排污口下游1 500 m以外的河段上。

② 断面垂线。根据河面的宽度,小于50 m的设一条垂线,50~100 m的设左右岸面两条垂线,大于100 m的设左、中、右三条垂线。垂线设置时若全流域水质均匀,可只设一条中泓垂线。

③采样点。根据河流的深度:小于5 m的设在距水面0.5 m处;5~10 m的距水面0.5 m、河床上0.5 m设两点;大于10 m的在水面下0.5 m、1/2水深处、距河床上0.5 m设三点。

湖泊采样点的确定也需设置对照断面、控制断面和消减断面,其设置方法与原则除参照河流、运河内容外,还应考虑湖泊的特殊性,如汇入湖或库的河流数量、径流量、主流向及季节变化情况,岸边污染源分布和对湖水水质的影响,污染物扩散和水体自净情况。断面具体位置可设在入、出湖汇合口处,湖沿岸主要排污口,不同功能水域处,湖中心和水流流向及滞流区。

2. 各类水源采样要求

(1)地表水采样要求

① 采样应在自然水流状态下进行,尽量不扰动水流与底部沉积物,以保证样品的代表性。

② 污水流入河流后,应在充分混合的地点以及流入前的地点采样。

③ 采样时,采样器或采样瓶应用采样的水冲洗三至四次,再正式采集样品。

④ 采样时间应选在采前连续 3 天无降雨、水质较稳定的日子(特殊需要除外)。

⑤ 应采集足够体积的水样用于复制水样和质量控制检验。

⑥ 每个水样均应按样品保存方法保存,保存条件见表 1.1。

表 1.1 一些测定项目样品的保存方法

测定项目	最少采样量(mL)	盛样容器	保存方法	允许保存时间(d)	备注
E_h	100	G,P	4℃	2	最好现场测定
NO_2^-	100	G,P	原样保存	1/3	最好现场测定或者开瓶后立即测定
pH,NH_4^+	100	G,P	原样保存	3	对矿化度高的重碳酸型水 HCO_3^-, Ca^{2+}, Mg^{2+}, 游离 CO_2 应现场测定
K^+,Na^+,Ca^{2+},Mg^{2+}, SO_4^{2-},Cl^-,HCO_3^-, CO_3^{2-},F^-	100	G,P	原样保存	30	现场固定
Fe^{3+},Fe^{2+}	100	G,P	加入硫酸—硫酸铵	30	现场固定
侵蚀 CO_2	100	G,P	加入碳酸钙	30	现场固定
硝酸盐	100	G	加入硝酸酸化使 pH≤2	10	现场固定
可溶性硅酸	100	P	含量＜100 mg/L 时,原样保存,100 mg/L 时,酸化,使 pH≤2	20	现场固定
NO_3^-	100	G,P	原样或 pH≤2	20	
总铬	100	G,P	原样保存	30	现场固定
六价铬	100	G,P	原样或 pH≤2	30	
Mo,Se,As	100	G,P	原样或 pH≤2	15	
Li,Rb,Cs,Ba,Sr	100	G,P	原样或 pH≤2	30	
微量重金属		G,P	加硝酸,使 pH≤2	7	现场固定

注:P——聚乙烯塑料瓶;G——硬质玻璃瓶。

(2)地下水采样要求

① 采样方法应使采集水样的组成能正确反映出地下水的时空变化,保证在含水层采集样品的代表性。

② 采样前应彻底清洗井口或井管,清除因井口沾污或井管腐蚀而受污染的滞水。

③ 采样时应该用采样的水将采样器或采样瓶冲洗三至四次,再正式采集样品。

④ 采样过程中应尽量避免或减少样品与大气的接触,以防止样品发生变化。

⑤ 从抽水井中取样时,应先开动水泵,将停滞在抽水管内的水抽出,并使新鲜水达到停滞水的 3 倍以上体积之后再取样。

⑥ 用于示踪试验或挥发性有机物质的分析时,一般不宜利用提水桶或取样器进行

取样。

⑦ 取样时要注意井中滤水管的位置与取水段层位一致。

⑧ 为取样专门开凿钻井时,应尽量不要用水冲洗钻孔,并待停钻且井内水位稳定后再进行取样。如果钻孔用水冲洗过,必须先抽水,然后再取样。深井、定深和分层取样时,应采用专门器具。

⑨ 取平行水样时,必须在相同条件下同时采集,容器材料也应相同。

⑩ 采集的每个样品,均应在现场立即用石蜡封好瓶口,并贴上标签。标签上应注明样品编号、采样日期、水源种类、岩性、浊度、水温、气温及加入的保护剂量和测定要求等。

⑪ 样品采集后应根据分析参数的特性,严格按分析方法要求进行保存。

⑫ 为避免样品间的交叉污染,应将样品进行隔离放置。

（3）大气降水采样要求

① 样品容器的材质应选用石英玻璃、聚四氟乙烯或高密度聚乙烯材料,以防降水中微量金属或有机物吸附到容器壁上。

② 漏斗和收集瓶在每次采样前应清洗干净,并做空白值实验,防止样品容器带来的污染。

③ 采集降水样品时,采样器放置的相对高度应在 1.2 m 以上,并尽可能避开污染源,四周无遮挡雨、雪的高大树木或建筑物。

④ 在降水前,必须盖好采样器,只有在降水真实出现之后才打开,每次降水取全过程水样(降水开始至结束)。

3. 采集水样的用品用具

（1）图书资料

采集前应准备好有关采集地点的地形图和地质、地貌、气候、水体等资料,供采集时使用。

（2）采集容器

采样时应选择适当的采样工具、容器。采样工具包括采样器、漏斗等,采样时要保证这些工具清洁,不能相互交叉污染,采样容器应由惰性材质制成,容器的基本特征是抗破裂,易清洗,密封性、合启性好。聚乙烯制品、硬质玻璃制品是最常见的采样容器。硬质玻璃瓶无色,易于观察水样状态,质地坚硬,不易变形,适用于定容采样。同时玻璃不受有机物质侵蚀,不吸附油脂等黏性物质,所以油脂的测试须用玻璃瓶定容采集,但碰撞后易破损,运输时应采取相应措施。聚乙烯制品容器轻便,抗冲击,对许多试剂都很稳定。但聚乙烯瓶有吸附磷酸根离子及有机物的倾向,且容易受有机溶剂的侵蚀,有时还引起藻类的繁殖。

① 原样是指水样采取后,不加任何保护剂,即原样保存于容器中的样品,供测定游离二氧化碳、pH 值、碳酸根、重碳酸根、氢氧根、氯离子、磷酸根、硝酸根、氟、溴、总硬度、钾、钠、钙、镁、铜、砷、铬(六价)、固形物、灼烧残渣、灼烧减量等项目的水样,要求用硬质玻璃或聚乙烯塑料瓶取样。

测定硼的水样必须用聚乙烯塑料瓶取样。

② 碱化水样是指 pH 值在 9 以上和加碱碱化的水样,要求用聚乙烯塑料瓶取样。

测定酚、氰和硫化物的水样要求用硬质玻璃瓶取样。

测定微生物的水样要求用玻璃瓶取样。

③ 酸化水样是指水样采取后,要加入酸酸化的样品,如测定铜、铝、锌、镉、锰、全铁、镍、总铬、钒、钨、汞、锶、钡、铀、镭、钍、硒、可溶性二氧化硅、碳酸根等项的水样,要求用聚乙烯塑料瓶或硬质玻璃瓶取样。

（3）防护用品

护腿、长袖上衣、长裤、高帮鞋、遮阳帽、水壶、必要食品、蛇药、简易药箱、消毒箱等。

4. 采集方法

表层水:用桶、瓶等容器直接采取,一般将其沉至水面下 0.3~0.5 m 处采集。

深层水:用带重锤的采样器,将采样器沉降至所需深度(可以从绳上的标度看出),上提细绳打开瓶塞,待水样充满容器后提出。

急流水的河段:用急流采样器,将一根长钢管固定在铁框上,管内装一根橡胶管,上部用夹子夹紧,下部与瓶塞的短玻璃管相连,瓶塞上另外有一长玻璃管通至采样瓶底部,采样前塞紧橡胶塞,然后沿船身垂直伸入要求水深处,打开上部橡胶管夹,水样即沿长玻璃管流入样品瓶中,瓶内空气由短玻璃管沿橡胶管排出,这样采集的水样也可以用来测定水中溶解性气体,因为它是与空气隔绝的。

溶解气体(如溶解氧)的水样:用双瓶采样器,采样器沉入要求水深处后,打开上部的橡胶管夹子,水样进入小瓶(采样瓶)并将空气驱入大瓶,从连接大瓶短玻璃管的橡胶管排出,直到大瓶中充满水样,提出水面后迅速密封。

泉水和井水:对于自喷的泉水可在涌口处直接采样。采集不自喷的泉水时,应将停滞在抽水管的水汲出,新水更替后再进行采样。从井水采集水样,应在充分抽汲后进行,以保证水样的代表性。

5. 质控样品

采样只是环境分析监测中的一个步骤,与后继的分析测定步骤相比,采样工具的精确程度远比不上分析仪器,采样过程的严密程度也比不上分析过程。但是分析过程的误差随技术的进步而降低,而采样技术在很长一段时期内改进不大,因此分析测定最终结果的总误差常常来自采样过程。正确选择采样方法和容器,执行采样操作规程,改进采样技术,对于提高分析监测质量是极其重要的。反之,如果采样失误,将使后继的分析过程丧失意义,甚至造成巨大浪费。为此,实际采样的同时,进行多种质控样品的采集是必要的。经常采用的质控样品有以下四种:

（1）室内空白样

在实验室内,以纯水代替样品,按被测定的项目的要求装入已经洗净的采样器,加入规定的保存剂后,由实验人员做出分析测定。依据结果,能反映出容器的洁净程度及样品保存剂质量等条件引起的空白变化。

（2）现场空白样

在采样现场以纯水作为样品,按被测项目的要求,与实际样品相同条件下装瓶、保存、运输和运送实验室分析。依次对照室内空白样,掌握采样过程中操作步骤和环境条件对实际样品质量的影响情况。

（3）现场平行样

在完全相同的条件下，在采样现场采集平行双样，加密码运送实验室分析。现场平行样结果（双样见偏差）能反映采样过程的精密度变化状况。但也应客观考虑到悬浮颗粒物、油类等污染物在水体中分布的不均匀性。

（4）现场加标样或质控样

现场加标样指取一对现场平行样，其中之一加入实验室配制的标样，另一份不加标样，然后按实际样品所需要求处理并分析。所得分析结果与实验室加标样对比，以掌握采样运输过程中的某些因素对最终分析结果准确度的影响。现场加标样从采集到分析全过程应与实验室室内加标样的操作完全一致，由同一人员施行。

现场质控样指将标准样或含有与样品基本组成相似的标准控制样运送到采样现场，按实际要求处理，运至实验室分析，目的与现场加标样相同。

采样数量可占样品总量的 10% 左右，不少于 2 个。

6. 注意生态保护区水资源的保护

采集水样时要有保护水资源的观念，不要产生二次污染。

二、水样采集过程中野外记录方法

采样时应记录所有野外调查及采样情况，包括采样目的、采样地点、样品种类、编号、数量、样品保存方法及采样时的气候条件等。

1. 范围

本方法适用于各类型自然保护区、生态保护区水样采集野外记录。

2. 技术指标

① 采集每份水样要有统一编号。
② 规范、完整地填写记录项目。

3. 水样采集野外记录

（1）记录和摄像的用品用具

采集记录册、标签、铅笔、碳素水笔、号签（号牌）、GPS、罗盘、钢卷尺、数码照相机和储存设备。

（2）采集记录表

要求记录准确、简要、完整。现将常用的采集记录表介绍如下：

水样标签

孔（泉）号		样品编号	
取样地点			
取样深度（m）		水源种类	
岩性		浊度	
水温		气温	
取样日期		取样人	
化学处理方法			
分析要求			
备　注			

（3）水样标号

采集号由人名和有效数字共同组成，每一采集号应是某个采集人的独立流水号，应从 1 开始连续采集，每一份水样都有一个唯一的编号，以便将来归档、查询。

（4）规范填写记录项目

水体（河流、湖泊、水库）名称、断面名称、样点、编号、采样时间、天气、气温、水位、流速、流量、现场监测项目、采样人姓名等信息对水体综合评价有很大的帮助。因此，在野外进行水样采集时，应尽可能地随采随记，以免漏记和错记。记录要准确、简要、完整。以定义明确的词句扼要地把所观察到的项目填上去。

野外记录是一项非常重要的工作，因为当我们日后对一份水样进行研究时，它已经脱离了原来的环境，失去了当时新鲜的状态，如果采集时不做记录，水样就会丧失科学价值。因此，野外采样过程中必须坚持做好记录。

三、水样运输与保存的方法

各种水质的水样，从采集到分析的过程中，由于物理的、化学的和生物的作用，会发生各种变化。微生物的新陈代谢活动和化学作用能引起水样组分和浓度的变化，如好气性微生物的活动会使水样中的有机物发生变化，CO_2 含量的变化会影响 pH 值和总碱度的测定值，悬浮物在采样器、水样容器表面上产生的胶体吸附现象或溶解性物质被溶出等，都会使水样的组分发生变化。为尽可能地降低水样的物理、化学和生物的变化，必须在采样时针对水样的不同情况和待测物的特性实施保护措施。防止碰撞、破损、丢失，并力求缩短运输时间，最大限度地降低水样水质变化，尽快将水样送至实验室进行分析。

1. 范围

本方法适用于各类型自然保护区、生态保护区的水样运输与保存。

2. 注意事项

① 减缓化学反应速度,防止组分的分解和沉淀产生。
② 减缓化合物或配位化合物的水解、离解及氧化还原作用。
③ 减少组分的挥发和吸附损失。
④ 抑制微生物的作用。

3. 水样的保存方法

(1) 水样过滤

对需要过滤处理的水样,为保证样品的稳定性,采样时或采样后应立即进行过滤处理,除去其中的悬浮物、沉淀、藻类及其他微生物。测有机项目时应用玻璃纤维或聚四氟乙烯过滤器,测无机项目时可用 0.45 μm 醋酸纤维滤膜过滤。

(2) 充满容器

采样时使样品充满容器至溢流并盖紧塞子,使水样上方没有空隙,这种方法可以减少运输过程中水样的晃动,避免溶解性气体逸出、pH 值变化、低价铁被氧化及挥发性有机物的挥发损失。但准备冷冻保存的样品不能充满容器,以防因体积膨胀致使容器破裂。

(3) 冷藏与冷冻

冷藏与冷冻是短期内保存样品的一种较好的方法。冷藏保存不应超过规定的保存期限,冷藏温度应控制在 2~5℃。冷冻(−20℃)保存应掌握好冷冻和解冻技术,使解冻后的样品能迅速、均匀地恢复其原始状态。冷冻应选用聚乙烯塑料容器,玻璃容器不适于冷冻,用于微生物分析的样品不适于冷冻。

(4) 加入化学保存剂

对需要加入化学保存剂的水样,采样人员应严格按照所要求的试剂纯度、浓度、剂量和试剂加入的顺序等具体规定,向水样中加入化学保存剂。所加入的化学保存剂不能干扰监测项目的测定。

(5) 特殊样品的保存

① 原水样

有些待测组分,不需或不能采用向样品中加入化学试剂的方法来保存。在目前不具备冷冻或深冻保存的条件下,只能控制从采样到测定的时间间隔。

A. 测定亚硝酸根、游离二氧化碳、pH 值等项目的样品,要求采集后立即送至实验室。实验室在收到水样的当天,开瓶立即测定,并在 1 d 内全部测定完毕。

B. 测定氨、耗氧量(COD)的样品,采好后应尽快送实验室(最多不超过 3 d),实验室收样后,必须在 3 d 内测定完毕。

C. 测定溴、碘、氟、氯、重碳酸根、碳酸根、氢氧根、硫酸根、硝酸根、硼、钾、钠、钙、镁、砷、钼、硒、铬(六价)及可溶性二氧化硅(小于 100 mg/L)等项目的样品,采好样后应在 10 d 内送到实验室,实验室必须在 15 d 内分析完毕。

② 酸化水样

供测定金属元素及汞、磷、可溶性二氧化硅(大于 100 mg/L)等项目。取容积为 1 L 的洁净硬质玻璃瓶或无色聚乙烯塑料瓶,先用待采水样洗 2~3 次,然后加入硝酸溶液 5 mL,再取满水样(如水样浑浊,应先在现场过滤)。水样的 pH 值应小于 2。用石蜡封好瓶口,在 15 d 内送至实验室。实验室收样后,必须在 15 d 内分析完毕。

若同时要求测定铀、镭、钍时,应改用 2 L 的容器,加入 10 mL 硝酸溶液,取满水样。

瓶盖绝不能用橡皮塞代替,密封时也不能用橡皮膏缠封,以防污染。

③ 碱化水样

供测定挥发性酚类和氰化物用。用 1 L 硬质玻璃瓶取满水样,立即加入 5 mL 20％氢氧化钠溶液(或固体氢氧化钠 1 g),摇匀,使水样 pH 值大于 12。用石蜡密封,在阴凉处保存,在 24 h 内送到实验室,并在 48 h 内分析完毕。

4. 保存条件

水样的保存条件应符合分析方法的要求。由于天然水和废水的性质复杂,同样的保存条件很难保证对不同类型样品中待测物都是可行的。因此,在采样前应根据样品的性质、组成和环境条件,检验其保存方法和选用保存剂的可靠性。

5. 水样的运输

对采集的每一个水样,都应做好记录,并在采样瓶上贴好标签,运送到实验室。在运输过程中,应注意以下几点:

① 水样应在允许的保存期之内启运,并给检测预留足够的时间。

② 为防止水样在运输过程中因震动、碰撞而导致样品瓶破损,无论自行运输或委托运输,样品瓶皆应装箱并采取必要的减震措施。塑料瓶应避免挤压,玻璃瓶应避免碰撞。

③ 水样在装运前应逐件检查样品标签,确保其不会脱落。应与采样记录进行核对,确认无误后方可装箱。

④ 需冷藏保存的水样,应配备专用隔热容器,放入的制冷剂数量应能保证运输期间温度保持的需要。

⑤ 检测细菌和溶解氧的样品除应冷藏运输外,应用较厚的泡沫塑料等软物填充包装箱,以免因强烈震动引起曝气。

⑥ 冬季运输应采取保温措施,以避免水样结冰。

⑦ 委托运输应在箱体上粘贴"易碎"指示和放置顶面的标志。

⑧ 委托运输应指定专人接收,自行运输应有专人押送。

四、水样分析的方法

实验室收到的各类水样,必须在允许的保存时间内分析完毕。原则上是先分析原样密封样品中各项组分,再按所允许保存时间的长短,分析专门样品中的各项组分。具体顺序如下:亚硝酸根—游离二氧化碳—铵离子—pH 值—碘离子—溴离子—重碳酸根—碳酸根—钙离子—镁离子—硝酸根—硫酸根—钾离子—钠离子—氟离子等。

1. 范围

本方法适用于各类型自然保护区、生态保护区水样的分析。

2. 技术指标

① 采取需要在现场加入各种化学试剂的样品时,必须严格遵守试剂的纯度、剂量、浓度和加入试剂的顺序与方法等规定,该项工作与室内分析实为一个整体。为此,采样人员在采样之前,必须准备好所需的一切用品。

② 采取定期观测样品,每次用的取样容器最好是按项目固定不变。

③ 送样时,应交给实验室一式两份送样单,并写明分析目的、具体项目和要求。送样和收样单位的经手人必须加盖公章或签字,办理移交和验收。

④ 送样不符合质量要求时,检测单位有权拒绝验收。

3. 水样的预处理

（1）过滤

水样浑浊会影响分析结果,用适当孔径的滤器可以有效地除去藻类和细菌。过滤后的样品稳定性更好。一般来说,可以用澄清、离心、过滤等措施分离悬浮物。以 0.45 μm 的滤膜区分可过滤态与不可过滤态物质。

（2）浓缩

如果水样中被分析组分含量较低,可通过蒸发、溶剂萃取或离子交换等措施浓缩后再进行分析。

（3）蒸馏

在测定水中的氰化物、氟化物、酚类化合物时,在适当的条件下可通过蒸馏将它们蒸出后再测定,共存干扰物质残留在蒸馏液中,从而消除干扰。

（4）消解

酸性消解:水样中同时存在无机结合态和有机结合态的金属时使用,经过强烈的化学作用,使金属离子释放出来再进行测定。

干式消解:进行金属离子或无机离子测定时,通过高温灼烧去除有机物,将灼烧后的残渣用硝酸或盐酸溶解,滤于容量瓶中再进行测定。

改变价态消解:测定水样中的总汞时,加强酸和加热条件下用高锰酸钾和过硫酸钾将水样进行改变价态消解,使汞全部转化为二价汞后,再进行测定。

4. 现场质量监控样品检测结果

（1）现场空白样品

现场空白样品与实验室空白样品的检测应同时进行,在实验室空白样品检测合格的前提下,通过现场空白样品检测结果和检测方法检出限（99.6％置信度）的比较,对采样质量

（样品采集和保存过程中因污染所引入系统误差的大小）做出评估。

（2）现场加标样品

应同批进行未加标样品、现场加标样品和实验室加标样品的检测,在实验室加标样品回收率合格的前提下,根据测得的现场加标样品回收率是否落在允许的回收率范围,对采样质量做出评估。

① 若检测方法中已给出允许回收率范围,则超出该范围时,可判定在样品采集与储存过程中引入了系统误差。

② 若检测方法中未给出允许回收率范围,则应进行不少于五次的回收量测定,计算出以 90％~110％ 为目标值的 95％ 置信区间,作为允许回收率范围。

（3）现场平行样品

现场平行样品应同批检测。

5. 检测实验室

① 水样的检测应由通过国家或省级计量认证的实验室完成。

② 检测实验室应能独立承担 95％ 以上的送检项目,其他不能独立承担的项目应与协作实验室签有质量保证协议,并已纳入本实验室质量保证体系。

③ 检测实验室应具有符合要求的样品存放环境（例如避光）和保存设备（例如冷藏柜）。

6. 检测协议

① 送样人和实验室管理人员共同完成水样的清点并履行交接手续后,应签订检测协议（大批量样品）或填写带有协议内容的送样单（小批量样品）。

② 检测协议中除应明确检测项目和提交检测报告时间外,还应根据实际情况,将下列全部或部分条款写入协议:检测开始时间、检测完成时间、水样保存措施、检测完成后副样保存时间、检测方法、检测质量要求（检出限、精密度指标和准确度指标）等。

③ 量监控方式（明确抽查检测项目、比例等）,主要有对现场质量监控样品的检测要求,质量异议处理方式,收费标准、方式,违约责任等。

④ 检测协议（或送样单）一式两份,双方签字后生效。

7. 监测数据的应用

对生态保护区的水质状况进行调查,并对其做初步评价,为保护区的经营管理提供科学依据。

水分析送样单

委托单位：　　　　　　　　　　　　　　　　　　　　　　取样日期：

送样日期：

分析编号	水样编号	取样地点	水样体积（L）	水源种类	水样物理性质			分析项目	备注
					透明度	颜色	气味		

收样日期　　　　　　　　　　送样人　　　　　　　　　　收样人

第二章 土壤调查方法

一、土样采集及流转方法

　　土壤是一个不均一体,影响它的因素是错综复杂的。自然因素包括地形(高度、坡度)、母质等;人为因素有耕作、施肥等等,特别是耕作施肥导致土壤养分分布的不均匀,例如条施和穴施、起垄种植、深耕等措施,均能造成局部差异。土壤不均一性的普遍存在,给土壤样品的采集带来了很大困难。采取 1 kg 样品,再在其中取出几克或几百毫克可以代表一定面积的土壤,似乎要比正确的化学分析还困难些。实验室工作者只能对送来样品的分析结果负责,如果送来的样品不符合要求,那么任何精密仪器和熟练的分析技术都将毫无意义。因此,分析结果能否说明问题,关键在于采样。

　　通过样品的分析,达到以样品论"总体"的目的。因此,采集的样品必须具有最大的代表性。要取得有代表性的正确数据,不仅要考虑所用分析方法、分析技术的科学性和严密性,也要考虑从采样到分析这段时间内如何防止样品不发生物理、化学以及生物的变化,不断提高土样分析成果的可比性和应用效果。因此,必须严格遵守土样的采取、保存和送检要求。知道土样的类型和不同土样的采集方法,制定统一的自然保护区水样采集技术,有利于土样的采取、保存和送检,有利于土样的标准化整理和数字化表达等基础性工作。

1. 采样准备

(1) 资料收集

　　收集包括监测区域的交通图、土壤图、地质图、大比例尺地形图等资料,供制作采样工作图和标注采样点位用。

　　收集包括监测区域土类、成土母质等土壤信息资料。

　　收集工程建设或生产过程对土壤造成影响的环境研究资料。

　　收集土壤历史资料和相应的法律(法规)。

　　收集监测区域工农业生产及排污、污灌、化肥农药施用情况资料。

　　收集监测区域气候资料(温度、降水量和蒸发量)、水文资料。

　　收集监测区域遥感与土壤利用及其演变过程方面的资料等。

(2) 现场调查

　　现场踏勘,将调查得到的信息进行整理和利用,丰富采样工作图的内容。

（3）采样器具准备

① 工具类

铁锹、铁铲、圆状取土钻、螺旋取土钻、竹片以及适合特殊采样要求的工具等。

② 器材类

GPS、罗盘、照相机、胶卷、卷尺、铝盒、样品袋、样品箱等。

③ 文具类

样品标签、采样记录表、铅笔、资料夹等。

④ 安全防护用品

工作服、工作鞋、安全帽、药品箱等。

2. 布点与样品数容量

（1）"随机"和"等量"原则

样品是由总体中随机采集的一些个体所组成，个体之间存在差异，因此样品与总体之间存在同质的"亲缘"关系，样品可作为总体的代表，但同时也存在着一定程度的异质性，差异愈小，样品的代表性愈好。为了使采集的监测样品具有代表性，必须避免一切主观因素，组成样品的个体应当是随机地取自总体。此外，在一组需要相互之间进行比较的样品应当有同样的个体组成，否则样本大的个体所组成的样品，其代表性会大于样本少的个体组成的样品。所以"随机"和"等量"是决定样品具有同等代表性的重要条件。

（2）布点方法

布点方式示意图见图 2.1。

① 简单随机

将监测单元分成网格，每个网格编上号码，决定采样点样品数后，随机抽取规定的样品数的样品，其样本号码对应的网格号即为采样点。随机数的获得可以利用掷骰子、抽签、查随机数表的方法。关于随机数骰子的使用方法可见 GB10111《利用随机数骰子进行随机抽样的方法》。简单随机布点是一种完全不带主观限制条件的布点方法。

② 分块随机

根据收集的资料，如果监测区域内的土壤有明显的几种类型，则可将区域分成几块，每块内污染物较均匀，块间的差异较明显。将每块作为一个监测单元，在每个监测单元内再随机布点。在合理分块的前提下，分块布点的代表性比简单随机布点好。如果分块不合理，分块布点的效果可能会适得其反。

③ 系统随机

将监测区域分成面积相等的几部分（网格划分），每个网格内布设一采样点，这种布点称为系统随机布点。如果区域内土壤污染物含量变化较大，系统随机布点比简单随机布点所采样品的代表性要好。

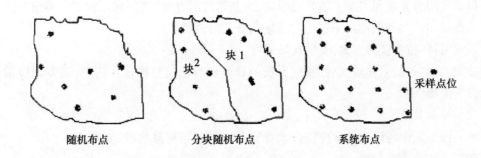

随机布点 　　　　 分块随机布点 　　　　 系统布点

图 2.1　布点方式示意图

（3）基础样品数量

① 由均方差和绝对偏差计算样品数

用下列公式可计算所需的样品数：

$$N = t^2 s^2 / D^2$$

式中：N——样品数；

t——选定置信水平（土壤环境监测一般选定为 95%）一定自由度下的 t 值；

s^2——均方差，可从先前的其他研究或者从极差 $R[s^2 = (R/4)^2]$ 估计；

D——可接受的绝对偏差。

② 由变异系数和相对偏差计算样品数

$$N = t^2 s^2 / D^2$$

　　　　可变为 　　　　　　　　　　 $$N = t^2 CV^2 / m^2$$

式中：N——样品数；

t——选定置信水平（土壤环境监测一般选定为 95%）一定自由度下的 t 值；

CV——变异系数（%），可从先前的其他研究资料中估计；

M——可接受的相对偏差（%），土壤环境监测一般限定为 20%~30%。

没有历史资料的地区、土壤变异程度不太大的地区，一般 CV 可用 10%~30% 估计，有效磷和有效钾变异系数 CV 可取 50%。

（4）布点数量

土壤监测的布点数量要满足样本容量的基本要求，即上述由均方差和绝对偏差、变异系数和相对偏差计算样品数是样品数的下限数值，实际工作中土壤布点数量还要根据调查目的、调查精度和调查区域环境状况等因素确定。

一般要求每个监测单元最少设 3 个点。

区域土壤环境调查按调查精度的不同，可从 2.5 km、5 km、10 km、20 km、40 km 中选择网距网格布点，区域内的网格结点数即为土壤采样点数量。

3. 样品采集

样品采集一般按三个阶段进行。

前期采样：根据背景资料与现场考察结果，采集一定数量的样品分析测定，用于初步验证污染物空间分异性和判断土壤污染程度,为制定监测方案(选择布点方式和确定监测项目及样品数量)提供依据,前期采样可与现场调查同时进行。

正式采样:按照监测方案,实施现场采样。

补充采样:正式采样测试后,发现布设的样点没有满足总体设计需要,则要增设采样点进行补充采样。

(1)样品数量

各采样单元中的样品数量应符合本章节中"(3)基础样品数量"要求。

(2)网格布点

网格间距 L 按下式计算:

$$L=(A/N)^{1/2}$$

式中:L——网格间距;

   A——采样单元面积;

   N——采样点数(同本章节中"(3)基础样品数量")。

A 和 L 的量纲要相匹配,如 A 的单位是 km^2,则 L 的单位就为 km。根据实际情况可适当减小网格间距,适当调整网格的起始经纬度,避开过多网格落在道路或河流上,使样品更具代表性。

(3)野外选点

首先,采样点的自然景观应符合土壤环境背景值研究的要求。其次,采样点选在被采土壤类型特征明显的地方,地形相对平坦、稳定、植被良好的地点;坡脚、洼地等具有从属景观特征的地点不设采样点;城镇、住宅、道路、沟渠、粪坑、坟墓附近等处人为干扰大,失去土壤的代表性,不宜设采样点;采样点离铁路、公路至少 300 m 以上;采样点以剖面发育完整、层次较清楚、无侵入体为准,不在水土流失严重或表土被破坏处设采样点;选择不施或少施化肥、农药的地块作为采样点,以使样品点尽可能少受人为活动的影响;不在多种土类、多种母质母岩交错分布、面积较小的边缘地区布设采样点。

(4)采样

采样点可采表层样或土壤剖面。一般监测采集表层土,采样深度 0~20 cm,特殊要求的监测(土壤背景、环评、污染事故等)必要时选择部分采样点采集剖面样品。剖面的规格一般为长 1.5 m,宽 0.8 m,深 1.2 m。挖掘土壤剖面要使观察面向阳,表土和底土分两侧放置。

一般每个剖面采集 A、B、C 三层土样。地下水位较高时,剖面挖至地下水出露时为止;山地丘陵土层较薄时,剖面挖至风化层。对 B 层发育不完整(不发育)的山地土壤,只采 A、C 两层;干旱地区剖面发育不完善的土壤,在表层 5~20 cm、心土层 50 cm、底土层 100 cm 左右采样。如图 2.2 为水稻土剖面示意图,水稻土按照 A 耕作层、P 犁底层、C 母质层(或 G 潜育层、W 潴育层)分层采样,对 P 层太薄的剖面,只采 A、C 两层(或 A、G 层或 A、W 层)。

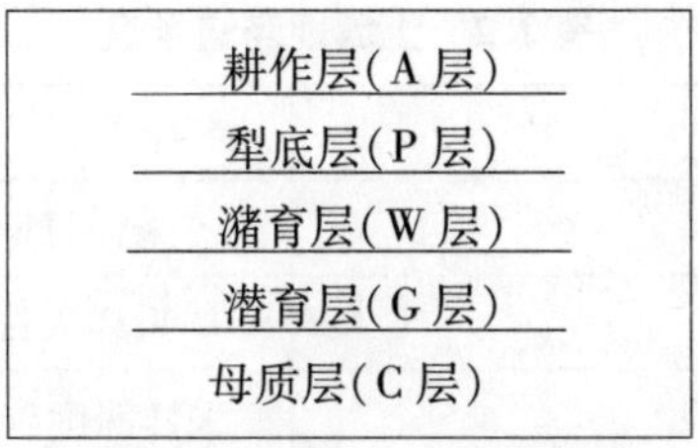

耕作层(A层)
犁底层(P层)
潴育层(W层)
潜育层(G层)
母质层(C层)

图 2.2　水稻土剖面示意图

采样次序自下而上,先采剖面的底层样品,再采中层样品,最后采上层样品。测量重金属的样品尽量用竹片或竹刀去除与金属采样器接触的部分土壤,再用其取样。

剖面每层样品采集 1 kg 左右,装入样品袋,样品袋一般由棉布缝制而成,如潮湿样品可内衬塑料袋(供无机化合物测定)或将样品置于玻璃瓶内(供有机化合物测定)。采样的同时,由专人填写样品标签(表 2.1)、采样记录,标签一式两份,一份放入袋中,一份系在袋口,标签上标注采样时间、地点、样品编号、采样深度和经纬度。采样结束,需逐项检查采样记录、样袋标签和土壤样品,如有缺项和错误,应及时补齐更正。将底土和表土按原层回填到采样坑中,方可离开现场,并在采样示意图上标出采样地点,避免下次在相同处采集剖面样。

表 2.1　土壤样品标签样式

土壤样品标签	
采用地点:	
东经　　　　　　　　　北纬	
采样层次:	
特征描述:	
采样深度:	
采样日期:	
采样人员:	

4. 样品流转

(1) 装运前核对

在采样现场,样品必须逐件与样品登记表、样品标签和采样记录进行核对,核对无误后分类装箱。

(2) 运输中防损

运输过程中严防样品的损失、混淆和污染。对光敏感的样品应有避光外包装。

(3) 样品交接

由专人将土壤样品送到实验室,送样者和接样者双方同时清点核实样品,并在样品交接单上签字确认,样品交接单由双方各存一份备查。土壤现场记录表见表 2.2。

表 2.2　土壤现场记录表

				东经		北纬	
采用地点				东经		北纬	
样品编号				采样日期			
样品类别				采样人员			
采样层次				采样深度(cm)			
样品描述	土壤颜色			植物根系			
	土壤质地			沙砾含量			
	土壤湿度			其他异物			
采样点示意图				自下而上植被描述			

注1:土壤颜色可采用门塞尔比色卡比色,也可按土壤颜色三角表进行描述。颜色描述可采用双名法,主色在后,副色在前,如黄棕、灰棕等。颜色深浅还可以冠以暗、淡等形容词,如浅棕、暗灰等。

注2:土壤质地分为沙土、壤土(沙壤土、轻壤土、中壤土、重壤土)和黏土,野外估测方法为取小块土壤,加水潮润,然后揉搓,搓成细条并弯成直径为 2.5~3 cm 的土环,据土环表现的性状确定质地。

　　沙土:不能搓成条。

　　沙壤土:只能搓成短条。

　　轻壤土:能搓成直径为 3 mm 的条,但易断裂。

　　中壤土:能搓成完整的细条,弯曲时容易断裂。

　　重壤土:能搓成完整的细条,弯曲成圆圈时容易断裂。

　　黏土:能搓成完整的细条,能弯曲成圆圈。

注3:土壤湿度的野外估测,一般可分为五级:

　　干:土块放在手中,无潮润感觉。

　　潮:土块放在手中,有潮润感觉。

　　湿:手捏土块,在土团上塑有手印。

　　重潮:手捏土块时,在手指上留有湿印。

　　极潮:手捏土块时,有水流出。

注4:植物根系含量的估计可分为五级:

　　无根系:在该土层中无任何根系。

　　少量:在该土层每 50 cm² 内少于 5 根。

　　中量:在该土层每 50 cm² 内有 5~15 根。

　　多量:该土层每 50 cm² 内多于 15 根。

　　根密集:在该土层中根系密集交织。

注5:石砾含量以石砾量占该土层的体积百分数估计。

二、样品制作方法

为了更好地分析土壤的成分,从野外取回的土样,经登记编号后,都需经过一个制备过程——风干、磨细、混匀、装瓶,以备各项测定之用。

1. 范围

本方法适用于各类型自然保护区、生态保护区采集土样的制样与保存。

2. 样品制备

（1）制样工作室要求

分设风干室和磨样室。风干室朝南（严防阳光直射土样），通风良好，整洁，无尘，无易挥发性化学物质。

（2）制样工具及容器

风干用白色搪瓷盘及木盘；粗粉碎用木槌、木滚、木棒、有机玻璃棒、有机玻璃板、硬质木板、无色聚乙烯薄膜；磨样用玛瑙研磨机（球磨机）或玛瑙研钵、白色瓷研钵；过筛用尼龙筛，规格为2~100目；装样用具塞磨口玻璃瓶、具塞无色聚乙烯塑料瓶或特制牛皮纸袋，规格视量而定。

（3）风干

在风干室将土样放置于风干盘中，摊成2~3 cm的薄层，适时地压碎、翻动，拣出碎石、沙砾、植物残体。

（4）样品粗磨

在磨样室将风干的样品倒在有机玻璃板上，用木槌敲打，用木滚、木棒、有机玻璃棒再次压碎，拣出杂质，混匀，并用四分法取压碎样，经过孔径0.25 mm尼龙筛。过筛后的样品全部置无色聚乙烯薄膜上，并充分搅拌混匀，再采用四分法取其两份，一份交样品库存放，另一份作样品的细磨用。粗磨样可直接用于土壤pH值、阳离子交换量、元素有效态含量等项目的分析。

（5）细磨样品

用于细磨的样品再用四分法分成两份。一份研磨到全部过孔径0.25 mm（60目）筛，用于农药或土壤有机质、土壤全氮量等项目分析；另一份研磨到全部过孔径0.15 mm（100目）筛，用于土壤元素全量分析。

（6）样品分装

研磨混匀后的样品分别装于样品袋或样品瓶，填写土壤标签一式两份，瓶内或袋内一份，瓶外或袋外贴一份。

（7）注意事项

制样过程中采样时的土壤标签与土壤始终放在一起，严禁混错，样品名称和编码始终不变；制样工具每处理一份样后擦抹（洗）干净，严防交叉污染；分析挥发性、半挥发性有机物或可萃取有机物无须上述制样，用新鲜样按特定的方法进行样品前处理。

3. 样品保存

按样品名称、编号和粒径分类保存。

（1）新鲜样品的保存

对于易分解或易挥发等不稳定组分的样品要采取低温保存的运输方法，并尽快送到实验室分析测试。测试项目需要新鲜样品的土样，采集后用可密封的聚乙烯或玻璃容器在4℃以下避光保存，样品要充满容器。避免用含有待测组分或对测试有干扰的材料制成的容器盛装保存样品，测定有机污染物用的土壤样品要选用玻璃容器保存。具体保存条件见表2.3。

（2）预留样品的保存

在样品库造册保存。

（3）分析取用后的剩余样品

分析取用后的剩余样品，待测定全部完成数据报出后，也移交样品库保存。

（4）保存时间

分析取用后的剩余样品一般保留半年，预留样品一般保留 2 年。特殊、珍稀、仲裁、有争议样品一般要永久保存。

（5）样品库要求

保持干燥、通风、无阳光直射、无污染；要定期清理样品，防止霉变、鼠害及标签脱落；样品入库、领用和清理均需记录。

表 2.3　新鲜样品的保存条件和保存时间

测试项目	容器材质	温度(℃)	可保存时间(d)	备注
金属(汞和六价铬除外)	聚乙烯、玻璃	<4	180	
汞	玻璃	<4	28	
砷	聚乙烯、玻璃	<4	180	
六价铬	聚乙烯、玻璃	<4	1	
氰化物	聚乙烯、玻璃	<4	2	
挥发性有机物	玻璃(棕色)	<4	7	采样瓶装满装实并密封
高挥发性有机物	玻璃(棕色)	<4	10	采样瓶装满装实并密封
难挥发性有机物	玻璃(棕色)	<4	14	

三、土样分析的方法

实验室收到的各类土样，必须在允许的保存时间内分析完毕。原则上是先分析原样密封样品中各项组分，再按所允许保存时间的长短，分析专门样品中的各项组分。

1. 范围

本方法适用于各类型自然保护区、生态保护区采集土样的分析。

2. 技术指标

① 采取需要在现场加入各种化学试剂的样品时，必须严格遵守试剂的纯度、剂量、浓度和加入试剂的顺序与方法等规定，该项工作与室内分析实为一个整体。为此，采样人员在采样之前，必须准备好所需的一切用品。

② 采取定期观测样品，每次用的取样容器最好是按项目固定不变。

③ 送样时，应交给实验室一式两份送样单，并写明分析目的、具体项目和要求。送样和

收样单位的经手人必须加盖公章或签字,办理移交和验收。

④ 送样不符合质量要求时,检测单位有权拒绝验收。

3. 分析方法

标准方法(即仲裁方法)按土壤环境质量标准中选配的分析方法(表2.4)。

表2.4 土壤常规监测项目及分析方法

监测项目	监测仪器	监测方法	方法来源
镉	原子吸收光谱仪	石墨炉原子吸收分光光度法	GB/T 17141—1997
	原子吸收光谱仪	KI－MIBK 萃取原子吸收分光光度法	GB/T 17140—1997
汞	测汞仪	冷原子吸收法	GB/T 17136—1997
砷	分光光度计	二乙基二硫代氨基甲酸银分光光度法	GB/T 17134—1997
	分光光度计	硼氢化钾-硝酸银分光光度法	GB/T 17135—1997
铜	原子吸收光谱仪	火焰原子吸收分光光度法	GB/T 17138—1997
铅	原子吸收光谱仪	石墨炉原子吸收分光光度法	GB/T 17141—1997
	原子吸收光谱仪	KI－MIBK 萃取原子吸收分光光度法	GB/T 17140—1997
铬	原子吸收光谱仪	火焰原子吸收分光光度法	GB/T 17137—1997
锌	原子吸收光谱仪	火焰原子吸收分光光度法	GB/T 17138—1997
镍	原子吸收光谱仪	火焰原子吸收分光光度法	GB/T 17139—1997
六六六和滴滴涕	气相色谱仪	电子捕获气相色谱法	GB/T 14550—1993
六种多环芳烃	液相色谱仪	高效液相色谱法	GB 13198—91
稀土总量	分光光度计	对马尿酸偶氮氯膦分光光度法	GB 6260—1986
pH 值	pH 计	森林土壤 pH 值的测定	GB 7859—1987
阳离子交换量	清定仪	乙酸铵法	①

注:①《土壤理化分析》,1978,中国科学院南京土壤研究所编,上海科技出版社。

4. 分析记录与监测报告

(1) 分析记录

分析记录一般要设计成记录本格式,页码、内容齐全,用碳素墨水笔填写翔实,字迹要清楚,需要更正时,应在错误数据(文字)上画一横线,在其上方写上正确内容,并在所画横线上加盖修改者名章或者签字以示负责。

分析记录也可以设计成活页,随分析报告流转和保存,便于复核审查。分析记录也可以是电子版本式的输出物(打印件)或存有其信息的磁盘、光盘等。记录测量数据,要采用法定计量单位,只保留一位可疑数字,有效数字的位数应根据计量器具的精度及分析仪器的示值确定,不得随意增添或删除。

（2）数据运算

有效数字的计算修约规则按 GB 8170 执行。采样、运输、储存、分析失误造成的离群数据应剔除。

（3）结果表示

平行样的测定结果用平均数表示，一组测定数据用 Dixon 法、Grubbs 法检验剔除离群值后以平均值报出。低于分析方法检出限的测定结果以"未检出"报出，参加统计时按二分之一最低检出限计算。

土壤样品测定一般保留三位有效数字，含量较低的镉和汞保留两位有效数字，并注明检出限数值。分析结果的精密度数据一般只取一位有效数字，当测定数据很多时可取两位有效数字。表示分析结果的有效数字的位数不可超过方法检出限的最低位数。

（4）监测报告

监测报告包括报告名称，实验室名称，报告编号，报告每页和总页数标识，采样地点名称，采样时间，分析时间，检测方法，监测依据，评价标准，监测数据，单项评价，总体结论，监测仪器编号，检出限（未检出时需列出），采样点示意图，采样（委托）者，分析者，报告编制、复核、审核和签发者及时间等内容。

5. 土壤环境监测误差源剖析

土壤环境监测的误差由采样误差、制样误差和分析误差三部分组成。

（1）采样误差（SE）

① 基础误差（FE）

由于土壤组成的不均匀性造成土壤监测的基础误差，该误差不能消除，但可通过研磨成小颗粒和混合均匀而减小。

② 分组和分割误差（GE）

分组和分割误差来自土壤分布不均匀性，它与土壤组成、分组（监测单元）因素和分割（减少样品量）因素有关。

③ 短距不均匀波动误差（CE1）

此误差产生在采样时，由组成和分布不均匀复合而成，其误差呈随机和不连续性。

④ 长距不均匀波动误差（CE2）

此误差有区域趋势（倾向），呈连续和非随机特性。

⑤ 期间不均匀波动误差（CE3）

此误差呈循环和非随机性质，其绝大部分的影响来自季节性的降水。

⑥ 连续选择误差（CE）

连续选择误差由短距不均匀波动误差、长距不均匀波动误差和期间不均匀波动误差组成。

$$CE = CE1 + CE2 + CE3$$
$$或\ CE = (FE + GE) + CE2 + CE3$$

⑦ 增加分界误差（DE）

增加分界误差来自不正确地规定样品体积的边界形状。分界基于土壤沉积或影响土壤质量的污染物的维数。零维为影响土壤的污染物样品全部取样分析(分界误差为零);一维分界定义为表层样品或减少体积后的表层样品;二维分界定义为上下分层,上下层间有显著差别;三维定义为纵向和横向均有差别。土壤环境采样以一维和二维采集方式为主,即采集土壤的表层样和柱状(剖面)样。三维采集在方法学上是一个难题,划分监测单元使三维问题转化成二维问题。增加分界误差是理念上的。

⑧ 增加抽样误差(EE)

由于理念上的增加分界误差的存在,同时实际采样时不能正确地抽样,便产生了增加抽样误差,该误差不是理念上的,而是实际的。

(2) 制样误差(PE)

制样误差为来自研磨、筛分和贮存等制样过程中的误差,如样品间的交叉污染、待测组分的挥发损失、组分价态的变化、贮存样品容器对待测组分的吸附等。

(3) 分析误差(AE)

此误差来自样品的再处理和实验室的测定误差。在规范管理的实验室内该误差主要是随机误差。

(4) 总误差(TE)

综上所述,土壤监测误差可分为采样误差(SE)、制样误差(PE)和分析误差(AE)三类,通常情况下 SE>PE>AE,总误差(TE)可表达为:

$$TE = SE + PE + AE$$

$$或\ TE = (CE + DE + EE) + PE + AE$$

$$即\ TE = [(FE + GE + CE2 + CE3) + DE + EE] + PE + AE$$

附录(资料性附录)

土壤样品预处理方法

1. 全分解方法

(1) 普通酸分解法

准确称取 0.5 g(准确到 0.1 mg,以下都与此相同)风干土样于聚四氟乙烯坩埚中,用几滴水润湿后,加入 10 mL HCl($\rho=1.19$ g/mL),于电热板上低温加热,蒸发至约剩 5 mL 时加入 15 mL HNO$_3$($\rho=1.42$ g/mL),继续加热蒸至近黏稠状,加入 10 mL HF($\rho=1.15$ g/mL)并继续加热,为了达到良好的除硅效果应经常摇动坩埚。最后加入 5 mL HClO$_4$($\rho=1.67$ g/mL),并加热至白烟冒尽。对于含有机质较多的土样应在加入 HClO$_4$ 之后加盖消解,土壤分解物应呈白色或淡黄色(含铁较高的土壤),倾斜坩埚时呈不流动的黏稠状。用稀酸溶液冲洗内壁及坩埚盖,温热溶解残渣,冷却后,定容至 100 mL 或 50 mL,最终体积依待测成分的含量而定。

(2) 高压密闭分解法

称取 0.5 g 风干土样于内套聚四氟乙烯坩埚中,加入少许水润湿试样,再加入 HNO$_3$($\rho=1.42$ g/mL)、HClO$_4$($\rho=1.67$ g/mL)各 5 mL,摇匀后将坩埚放入不锈钢套筒中,拧紧。放在 180℃ 的烘箱中分解 2 h,取出,冷却至室温后,取出坩埚,用水冲洗坩埚盖的内壁,加入 3 mL HF($\rho=1.15$ g/mL),置于电热板上,在 100~120℃ 加热除硅,待坩埚内剩下约 2~3 mL 溶液时,调高温度至 150℃,蒸至冒浓白烟后再缓缓蒸至近干,按"1.1"同样操作定容后进行测定。

(3) 微波炉加热分解法

微波炉加热分解法是以被分解的土样及酸的混合液作为发热体,从内部进行加热使试样分解的方法。目前报道的微波加热分解试样的方法,有常压敞口分解和仅用厚壁聚四氟乙烯容器的密闭式分解法,还有密闭加压分解法。这种方法以聚四氟乙烯密闭容器作内筒,以能透过微波的材料如高强度聚合物树脂或聚丙烯树脂作外筒,在该密封系统内分解试样能达到良好的分解效果。微波加热分解也可分为开放系统和密闭系统两种。开放系统可分解多量试样,且可直接和流动系统相组合实现自动化,但由于要排出酸蒸气,所以分解时使用酸量较大,易受外环境污染,挥发性元素易造成损失,费时间且难以分解多数试样。密闭系统的优点较多,酸蒸气不会逸出,仅用少量酸即可,在分解少量试样时十分有效,不受外部环境的污染。在分解试样时不用观察及特殊操作,由于压力高,所以分解试样很快,不会受外筒金属的污染(因为用树脂做外筒)。可同时分解大批量试样。其缺点是需要专门的分解器具,不能分解量大的试样,如果疏忽会有发生爆炸的危险。在进行土样的微波分解时,无论使用开放系统还是密闭系统,一般使用 HNO$_3$ - HCl - HF - HClO$_4$、HNO$_3$ - HF - HClO$_4$、

$HNO_3-HCl-HF-H_2O_2$、$HNO_3-HF-H_2O_2$ 等体系。当不使用 HF 时(限于测定常量元素且称样量小于 0.1 g),可将分解试样的溶液适当稀释后直接测定。若使用 HF 或 $HClO_4$ 对待测微量元素有干扰时,可将试样分解液蒸至近干,酸化后稀释定容。

（4）碱融法

① 碳酸钠熔融法

此法适合测定氟、钼、钨。称取 0.500 0~1.000 0 g 风干土样放入预先用少量碳酸钠或氢氧化钠垫底的高铝坩埚中(以充满坩埚底部为宜,以防止熔融物粘底),分次加入 1.5~3.0 g 碳酸钠,并用圆头玻璃棒小心搅拌,使其与土样充分混匀,再放入 0.5~1.0 g 碳酸钠,使平铺在混合物表面,盖好坩埚盖,移入马弗炉中,于 900~920℃熔融 0.5 h。自然冷却至 500℃左右时,可稍打开炉门(不可开缝过大,否则高铝坩埚骤然冷却会开裂)以加速冷却,冷却至 60~80℃用水冲洗坩埚底部,然后放入 250 mL 烧杯中,加入 100 mL 水,在电热板上加热浸提熔融物,用水及 HCl(1+1)将坩埚及坩埚盖洗净取出,并小心用 HCl(1+1)中和、酸化(注意盖好表面皿,以免大量 CO_2 冒泡引起试样的溅失),待大量盐类溶解后,用中速滤纸过滤,用水及 5%HCl 洗净滤纸及其中的不溶物,定容待测。

② 碳酸锂-硼酸、石墨粉坩埚熔样法

适合铝(Al)、硅(Si)、钛(Ti)、钙(Ca)、镁(Mg)、钾(K)、钠(Na)等元素分析。土壤矿质全量分析中土壤样品分解常用酸溶剂,酸溶剂一般用氢氟酸加氧化性酸分解样品,其优点是酸度小,适用于仪器分析测定,但对某些难熔矿物分解不完全,特别对铝(Al)、钛(Ti)的测定结果会偏低,且不能测定硅(已被除去)。

碳酸锂-硼酸在石墨粉坩埚内熔样,再用超声波提取熔块,分析土壤中的常量元素,速度快,准确度高。在 30 mL 瓷坩埚内充满石墨粉,置于 900℃高温电炉中灼烧半小时,取出冷却,用乳钵棒压一空穴。准确称取经 105℃烘干的土样 0.200 0 g 于定量滤纸上,与 1.5 g $Li_2CO_3-H_3BO_3$($m_{Li_2CO_3}:m_{H_3BO_3}=1:2$)混合试剂均匀搅拌,捏成小团,放入瓷坩埚内石墨粉洞穴中,然后将坩埚放入已升温到 950℃的马弗炉中,20 min 后取出,趁热将熔块投入盛有 100 mL 4%硝酸溶液的 250 mL 烧杯中,立即于 250 W 功率清洗槽内超声(或用磁力搅拌),直到熔块完全溶解。将溶液转移到 200 mL 容量瓶中,并用 4%硝酸定容。吸取 20 mL 上述样品液移入 25 mL 容量瓶中,并根据仪器的测量要求决定是否需要添加基体元素及添加浓度,最后用 4%硝酸定容,用光谱仪进行多元素同时测定。

2. 酸溶浸法

（1）HCl-HNO_3 溶浸法

准确称取 2.000 g 风干土样,加入 15 mL 的 HCl(1+1) 和 5 mL HNO_3($\rho=1.42$ g/mL),振荡 30 min,过滤定容至 100 mL,用 ICP 法测定 P、Ca、Mg、K、Na、Fe、Al、Ti、Cu、Zn、Cd、Ni、Cr、Pb、Co、Mn、Mo、Ba、Sr 等。或采用下述溶浸方法:准确称取 2.000 g 风干土样于干烧杯中,加少量水润湿,加入 15 mL HCl(1+1) 和 5 mL HNO_3($\rho=1.42$ g/mL)。盖上表面皿于电热板上加热,待蒸发至约剩 5 mL,冷却,用水冲洗烧杯和表面皿,用中速滤纸过滤并定容至 100 mL,用原子吸收法或 ICP 法测定。

（2）$HNO_3 - H_2SO_4 - HClO_4$溶浸法

方法特点是 H_2SO_4、$HClO_4$ 的沸点较高，能使大部分元素溶出，且加热过程中液面比较平静，没有迸溅的危险。但 Pb 等易与 SO_4^{2-} 形成难溶性盐类的元素，测定结果偏低。操作步骤是：准确称取 2.500 0 g 风干土样于烧杯中，用少许水润湿，加入 $HNO_3 - H_2SO_4 - HClO_4$ 混合酸（5+1+20）12.5 mL，置于电热板上加热，当开始冒白烟后缓缓加热，并经常摇动烧杯，蒸发至近干。冷却，加入 5 mL HNO_3（$\rho=1.42$ g/mL）和 10 mL 水，加热溶解可溶性盐类，用中速滤纸过滤，定容至 100 mL，待测。

（3）HNO_3 溶浸法

准确称取 2.000 0 g 风干土样于烧杯中，加少量水润湿，加入 20 mL HNO_3（$\rho=1.42$ g/mL）。盖上表面皿，置于电热板或沙浴上加热。若发生迸溅，可采用每加热 20 min 关闭电源 20 min 的间歇加热法。待蒸发至约剩 5 mL，冷却，用水冲洗烧杯壁和表面皿，经中速滤纸过滤，将滤液定容至 100 mL，待测。

（4）Cd、Cu、As 等的 0.1 mol/L HCl 溶浸法

土壤中 Cd、Cu、As 的提取方法，其中 Cd、Cu 的操作条件是：准确称取 10.000 0 g 风干土样于 100 mL 广口瓶中，加入 50 mL HCl（$c=0.1$ mol/L）在水平振荡器上振荡。振荡条件是温度 30℃、振幅 5~10 cm、振荡频次 100~200 次/min，振荡 1 h。静置后，用倾斜法分离出上层清液，用干滤纸过滤，滤液经过适当稀释后用原子吸收法测定。

As 的操作条件是：准确称取 10.000 0 g 风干土样于 100 mL 广口瓶中，加入 0.1 mol/L HCl 50.0 mL，在水平振荡器上振荡。振荡条件是温度 30℃、振幅 10 cm、振荡频次 100 次/min，振荡 30 min。用干滤纸过滤，取滤液进行测定。

除用 0.1 mol/L HCl 溶浸 Cd、Cu、As 以外，还可溶浸 Ni、Zn、Fe、Mn、Co 等重金属元素。0.1 mol/L HCl 溶浸法是目前使用最多的酸溶浸方法，此外也有使用 CO_2 饱和的水、0.5 mol/L KCl - HAc（pH=3）、0.1 mol/L $MgSO_4 - H_2SO_4$ 等酸性溶浸方法。

3. 有机污染物的提取方法

（1）常用有机溶剂

① 有机溶剂的选择原则

根据相似相溶的原理，尽量选择与待测物极性相近的有机溶剂作为提取剂。提取剂必须与样品能很好地分离，且不影响待测物的纯化与测定；不能与样品发生作用，毒性低、价格便宜；提取剂沸点范围在 45~80℃ 之间。

还要考虑溶剂对样品的渗透力，以便将土样中待测物充分提取出来。当单一溶剂不能成为理想的提取剂时，常用两种或两种以上不同极性的溶剂以不同的比例配成混合提取剂。

② 常用有机溶剂的极性

常用有机溶剂的极性由强到弱的顺序为（水）、乙腈、甲醇、乙酸、乙醇、异丙醇、丙酮、二氧六环、正丁醇、正戊醇、乙酸乙酯、乙醚、硝基甲烷、二氯甲烷、苯、甲苯、二甲苯、四氯化碳、二硫化碳、环己烷、正己烷（石油醚）和正庚烷。

③ 溶剂的纯化

纯化溶剂多用重蒸馏法。纯化后的溶剂是否符合要求,最常用的检查方法是将纯化后的溶剂浓缩到原来的 1/100,再用与待测物检测相同的方法进行检测,无干扰即可。

（2）有机污染物的提取

① 振荡提取

准确称取一定量的土样（新鲜土样加 1~2 倍量的无水 Na_2SO_4 或 $MgSO_4 \cdot H_2O$ 搅匀,放置 15~30 min,固化后研成细末）,转入标准口三角瓶中加入约 2 倍体积的提取剂振荡 30 min,静置分层或抽滤、离心分出提取液,样品再分别用 1 倍体积提取液提取 2 次,分出提取液,合并,待净化。

② 超声波提取

准确称取一定量的土样（或取 30.0 g 新鲜土样加 30~60 g 无水 Na_2SO_4 混匀）置于 400 mL 烧杯中,加入 60~100 mL 提取剂,超声振荡 3~5 min,真空过滤或离心分出提取液,固体物再用提取剂提取 2 次,分出提取液合并,待净化。

③ 索氏提取

本法适用于从土壤中提取非挥发及半挥发有机污染物。准确称取一定量土样或取新鲜土样 20.0 g 加入等量无水 Na_2SO_4 研磨均匀,转入滤纸筒中,再将滤纸筒置于索氏提取器中。在有 1~2 粒干净沸石的 150 mL 圆底烧瓶中加 100 mL 提取剂,连接索氏提取器,加热回流 16~24 h 即可。

④ 浸泡回流法

用于一些与土壤作用不大且不易挥发的有机物的提取。

⑤ 其他方法

近年来,吹扫蒸馏法（用于提取易挥发性有机物）、超临界提取法（SFE）都发展很快。尤其是 SFE 法由于其快速、高效、安全性（不需任何有机溶剂）,因而是具有很好发展前景的提取法。

（3）提取液的净化

使待测组分与干扰物分离的过程为净化。当用有机溶剂提取样品时,一些干扰杂质可能与待测物一起被提取出,这些杂质若不除掉将会影响检测结果,甚至使定性定量检测无法进行,严重时还可使气相色谱的柱效降低、检测器被污染,因而提取液必须经过净化处理。净化的原则是尽量完全除去干扰物,而使待测物尽量少损失。常用的净化方法为:

① 液-液分配法

液-液分配的基本原理是在一组互不相溶的溶剂对中溶解某一溶质成分,该溶质以一定的比例分配（溶解）在溶剂的两相中。通常把溶质在两相溶剂中的分配比称为分配系数。在同一组溶剂对中,不同的物质有不同的分配系数;在不同的溶剂对中,同一物质也有着不同的分配系数。利用物质和溶剂对之间存在的分配关系,选用适当的溶剂通过反复多次分配,便可使不同的物质分离,从而达到净化的目的,这就是液-液分配净化法。采用此法进行净化时一般可得较好的回收率,不过分配的次数须是多次方可完成。

液-液分配过程中若出现乳化现象,可采用如下方法进行破乳:① 加入饱和硫酸钠水溶液,以其盐析作用而破乳;② 加入硫酸(1+1),加入量从 10 mL 逐步增加,直到消除乳化层,此法只适于对酸稳定的化合物;③ 离心机离心分离。液-液分配中常用的溶剂对有乙腈-正己烷、N,N-二甲基甲酰胺(DMF)-正己烷、二甲亚砜-正己烷等。通常情况下正己烷可用廉价的石油醚(沸点60~90℃)代替。

② 化学处理法

用化学处理法净化能有效地去除脂肪、色素等杂质。常用的化学处理法有酸处理法和碱处理法。

A. 酸处理法

用浓硫酸或发烟硫酸直接与提取液(酸与提取液体积比为1:10)在分液漏斗中振荡进行磺化,以除掉脂肪、色素等杂质。其净化原理是脂肪、色素中含有碳碳双键,如脂肪中不饱和脂肪酸和叶绿素中含一双键的叶绿醇等,这些双键与浓硫酸作用时产生加成反应,所得的磺化产物溶于硫酸,这样便使杂质与待测物分离。这种方法常用于强酸条件下稳定的有机物如有机氯农药的净化,而对于易分解的有机磷、氨基甲酸酯农药则不可使用。

B. 碱处理法

一些耐碱的有机物如农药艾氏剂、狄氏剂、异狄氏剂可采用氢氧化钾-助滤剂柱代替皂化法。提取液经浓缩后通过柱净化,用石油醚洗脱,有很好的回收率。

③ 吸附柱层析法

吸附柱主要有氧化铝柱、弗罗里硅土柱、活性炭柱等。

第三章　植物多样性调查方法

一、植物标本采集方法

在采集植物标本时,要注意观察植物生长特性、形态特征、生态环境,并根据实际要求采集所需的标本。

采集同属不同物种的各种植物时,需要事先从资料上查明这些不同种类植物的区别特征,然后到采集地点再注意观察,寻找这些有区别特征的不同物种,尽可能减少遗漏。

在植物界,除种子植物外,还有蕨类、苔藓、地衣、菌类和藻类等类群,它们统称为孢子植物。植物的各个类群,由于形态、结构、习性和分布差别很大,植物标本采集的方法各不相同。要熟悉各种类群植物的分类特征,才能将物种采全。

制定统一的自然保护区植物标本的采集技术规程,有利于标本的制作和保存,有利于标本的标准化整理和数字化表达等基础性工作。

1. 范围

本方法适用于各类型自然保护区、生态保护区植物标本的采集。

2. 技术指导

① 采集的每一种植物标本都要有孢子、花或果等繁殖器官。一般草本还要采集到它的根。

② 要采集正常生长的枝叶花果和孢子标本。

③ 植物标本长度一般控制在 35 cm 以内,宽度不超过 25 cm。

3. 植物标本采集技术

(1) 采集时间和地点的确定

① 采集时间的确定

在采集开始前,必须了解调查地的地理、地形、气候、交通、伙食、住宿条件等,选择和确定采集的具体时间和地点,准备图书资料,进行安全防范,学习植物采集方面的知识以及准备采集的用品、用具等,确定标本采集的份数。

各种植物生长发育的时期有长有短,因此必须在不同的季节进行采集,才能得到各类不同时期的标本。所以应根据所采集的植物的特性,决定外出采集的时间。否则过了季节,便无法采到所需的标本了。

植物标本最好是在植物开花或结果的时期采摘,花、茎、叶、根齐全为好。若花期与果期相距时间较长,则应在花期和果期分别进行采集。

夏季中午前后植物的蒸腾旺盛,这时采集的茎、叶、花会很快枯萎;雨天或潮湿天气采集来的植物含水分较多,不易干燥,所以也不宜采集制作标本。

每株植物标本采集 5 份,写同一编号,每份标本都要系上号牌。当遇到珍稀和重要经济植物时,应不采集或尽量少采集。

② 采集地点的确定

进行植物专题采集之前要查阅有关的文献资料和以往所采的标本信息,了解所要采集对象的具体生长环境、物候期等,以减少外出寻找的盲目性,采回具有繁殖器官的高质量的标本。外出采集时,可带上要采集植物的照片、形态图和有关的植物志资料,必要时用照片和图片向当地人打听,以尽快确定和采集到所需的标本。在不同环境里生长着不同的植物,因此我们在采集标本时,必须根据采集的目的和要求,确定采集的时间和地点,这样才可能采到自己需要的各种标本。

从资料中查明调查地的植物种类及其分布区域,选择最佳采集路线,选择的路线交通要尽可能地方便,采集地点比较安全。林边、路旁、沟岸阳光较充足的地方往往能采集到开花结果较多的植物。

要找到发育良好的植被类型,如良好的森林、灌丛、草地和水生植物群落等。只有在发育良好的植被类型中,才会生长各种典型代表植物。

蕨等植物分布很广,地球上除海洋和沙漠外,平原、高山、森林、草地、岩隙、沼泽、湖泊和池塘都有它的踪迹。由于生境多种多样,蕨类植物分为土生、石生、附生和水生等生态类型。大多数蕨类植物性喜阴湿,多生活在阴湿地方,所以采集时,应多到阴坡、沟谷和溪流旁查找。

苔藓植物的适应性很强,分布广泛,在高山、草地、林内、路旁、沼泽、湖泊乃至墙壁屋顶,都有它的分布。根据生境的不同,可把苔藓植物分为水生、石生、土生和木生等不同生态类型。

(2) 采集标本的用品用具

① 图书资料

采集开始前应准备好以下图书资料,供采集时使用:A. 本地区的植物志或药物志、树木志等专业志书。B. 有关采集地点的地形图和地质、地貌、气候、土壤等资料。

② 采摘用具

小枝剪、高枝剪、手锯、掘铲、小镐、可折叠的小刀、镊子、小抄网、手持放大镜、望远镜。

③ 存放标本用具和用品

采集箱、采集袋、小塑料袋、纸袋、硅胶和 FAA 固定液等。

④ 防护用品

护腿、长袖上衣、长裤、高帮鞋、遮阳帽、水壶、必要食品、蛇药、简易药箱、消毒箱等。

(3) 采集方法

① 采集完整标本

采集植物时需注意选取容易辨识的特征。标本大小以每份标本长度不超过 35 cm、宽度不超过 25 cm 为适度。采集木本植物时,可按照这一尺寸剪取枝条。草本植物虽然要采集全株,但一般不会超过 35 cm×25 cm,如果超过 35 cm×25 cm 的范围需要折叠全株或选取代表性的上、中、下三段作同号一份标本。矮小的草本则采集数株,以采集物布满整张台纸为宜,采后对标本做适当的修剪。

雌雄异株的植物,应分别采集雄株和雌株。在同一居群中采集具有雄球花与雌球花、球果或种子的标本。

采集时,应选择比较典型的,也就是发育、成长都属中上等的植株,要有代表性。过于瘦弱或受病虫害侵染的植物不宜制作标本,幼嫩的植物也不宜采集。要采集在正常环境下生长的健壮植物,不采变态的。要采能代表植物特点的典型枝,不采徒长枝、萌芽枝、密集枝等。在采集过程中,常常会遇到一些体态不正常的植株,例如,由于昆虫和真菌的危害,有的植株茎叶残缺、皱缩、疯长以及产生虫瘿等现象,这些不正常的体态,都会给识别和鉴定工作带来困难,只要有挑选的余地,就尽量不采这样的标本。

根、茎、叶、花、果 5 类器官中,以花、果最为重要。因为花、果的形态特征是种子植物分类的主要依据,只有营养器官没有花、果的标本,科学价值很小,甚至没有科学价值。由于许多植物的花、果不能同时存在,采集这类植物时,花、果只要有一项,就视为完整的标本。种子植物标本,必须有花和果实;蕨类植物标本,叶上必须有孢子囊群;苔藓植物标本,必须有叶片和孢子囊。

② 草本植物标本的采集

采集草本植物要用掘根铲连根挖出,这样,植物的根、茎、叶、花(或果实)就能采得比较完整。许多草本植物,如禾亚科和沙草科中的一些植物,没有地下部分为依据,常常很难识别。对匍匐草本、藤本,注意主根和不定根,匍匐枝过长时,也可分段采集;对一些具有地下茎的科、属,如百合科、天南星科等,在没有采到地下茎的情况下是难以鉴定的,因此必须注意采集这些植物的地下部分(如各种根状茎、鳞茎、球茎、块茎等)。采集时,一定要把地下部分挖出来,否则就不是完整的标本。如发现基生叶和茎生叶不同时,要注意采基生叶。

③ 木本植物标本的采集

木本植物一般是指乔木、灌木或木质藤本植物。采集标本时,首先选择生长正常、无病虫害的植物作为对象,并在这种植株上选择有代表性的小枝作为标本,所采的标本最好带有叶、花或果实,必要时可以采取一部分树皮。要用枝剪取标本,不能用手折,因为手折容易伤树,摘下来的枝条压制成标本也不美观。但必须注意,采集落叶的木本植物时,最好分三个时期采集才能得到完整的标本,即冬芽时期的标本、花期的标本和果期的标本。雌雄异株的植物除花外,其他器官亦有区别,必须采集。

④ 大型叶植物标本的采集

大型叶植物,它们的叶子和花序均很大,采集标本时可采一部分或分段采集,以同一株上的幼小叶加上花果组成一份标本(同时标明叶实际大小)或把叶、叶柄各自分段取其一部分,再配花果组成一份标本。特别大的草本植物,只采植物体的一部分,但应注意采取的标本应尽量能代表该植物的一般特征。

有些植物如棪木、棕榈、芭蕉等,叶和花序都非常大,采集这样的植物标本,可用以下方法进行:

A. 如果标本的叶片大小超过了台纸,但仅超过一倍长度时,只需将全叶反复折叠,并在折叠处垫好吸水纸放入标本夹内进行压制。

B. 如果是比上述叶更大的单叶,则可将 1 片叶剪成 2~3 段,分别压制,分别制成腊叶标本,但在每段上要拴一个注有 A、B、C 字样的同一号码的号牌。

C. 如果叶的宽度太大,则可沿中脉剪去叶的一半,但不可剪去叶尖。如果是羽状裂片或羽状复叶,在将叶轴一侧的裂片或小叶剪去时,要留下裂片和小叶的基部,以便表明它们着生的位置。还有,顶端裂片或小叶不能剪掉。

D. 如果是两回以上的巨大羽裂或复叶,则可只取其中 1 个裂片或小叶进行压制,但同时要压制顶端裂片和小叶。

E. 对于巨大的花序,取其中一段小花序作为标本,可把其他的小花序剪掉(同时标明花序实际大小),但要注意必须带上苞片和小苞片。

⑤ 水生植物标本的采集

采集水生植物时,应注意其异型叶的特征,注意观察花的颜色和气味。

很多有花植物生活在水中,有些种类具有地下茎,有些种类的叶柄和花柄是随着水的深度而增长的,因此采集这类植物标本时,有地下茎的应采取地下茎,这样才能显示出花柄和叶柄着生的位置。除花序外,沉水植物全部都浸没在水中的,如金鱼藻、狐尾藻、眼子菜和浮萍等,植株纤细、柔软而脆弱,可以用竹竿采取全株。植物离开水面,枝叶即彼此粘贴折叠,失去原来的形态,并且难于干燥,易生霉。因此,要把取出水的植物立即用塑胶袋或纱布、毛巾包好,带回后立即将其放在水盆或水桶中,以水泡之。等到植物的枝叶展开成原来的形态时,将台纸放在浮水的标本下,轻轻将它托出,放在干燥的吸水纸内压制。

(4) 注意珍稀植物种群的保护

采集标本时要有保护植物资源的观念,不要滥采,尤其是对珍稀濒危和国家重点保护物种进行的采集。不采集或尽量少采集重点保护和珍稀濒危植物。

二、植物标本野外采集记录方法

野外记录在标本的鉴定中有重要作用,它可以补充说明标本的详细信息,如采集地点、时间,植物的生活环境,植物体的详细特征,如树木高度、胸高直径、树皮颜色、裂开情况、叶、花果的颜色、气味等。

1. 范围

本方法适用于各类型自然保护区、生态保护区植物标本野外记录。

2. 注意事项

① 采集的每份植物标本要有统一编号。

② 规范、完整地填写记录项目。

3. 植物标本野外记录

（1）记录和摄像的用品用具

采集记录册、标签、铅笔、碳素水笔、号签（号牌）、GPS、罗盘、钢卷尺、数码照相机和储存设备。

（2）采集记录表

记录植物特征及生长环境。要求记录准确、简要、完整。现将常用的采集记录表介绍如下：

采 集 记 录

采集号：_____采集人：_____日期：_____年_____月_____日

科　　名：_____份数：_____

中文名：_____当地名：_____

拉丁名：_____

产　　地：_____省_____市（区）_____镇（乡）_____村_____山（组）

经　　度：_____纬度：_____海拔：_____m

植被类型：针叶□　阔叶□　混交□　灌丛□　草丛□　其他：_____

区系属性：野生（本土□　入侵□）栽培□　频度：极常见□　常见□　稀少□

生境：密林□　疏林□　灌丛□　林缘□　草地□　溪边□　路旁　□其他：_____

习性：常绿□落叶□乔木□灌木□草本（一二年□多年□）藤本（木质□草质□）

地下根、茎状况：_____鳞片：_____叶：_____

花：_____果（种子）：_____

孢子囊：_____

备注：_____

```
采 集 人：

采 集 号：

采集时间：
```

植物标本鉴定标签

```
标 本 号：

植物名称：

鉴 定 人：        鉴定时间：
```

（3）标本标号

采集号以人名和有效数字共同组成，每一采集号应是某个采集人的独立流水号，应从1开始连续采集，每一份标本都有一个唯一的编号，以便将来归档、查询。

（4）规范填写记录项目

基本记录：产地［包括国家、省（区市）、县、乡和经纬度］，生境（植被类型、林型或建群树种,土壤类型等),海拔,习性,植物体态(乔、灌、草)及高度和胸径,采集人和采集号,日期。

完整记录:除上述基本记录内容外,还应记载植物干制后易失去的特征,如花的颜色、形态、气味等,加上生态因子(岩石、土壤 pH 值等)、土名、用途和其他附属项目(如标本份数、是否有活株、细胞学材料、DNA 材料),其编号(采集人、采集号)与凭证标本号应一致。

认真填写野外记录各项数据。要填足基本数据,包括海拔和经纬度,切忌用"同上"之类省略写法,以免丢失数据,并用铅笔或永久碳素水笔登记。

野外记录是标本必不可少的补充,一份标本价值的大小,常以野外记录详尽与否为标准。植物的产地,生态环境,性状,花的颜色、气味和采集日期等对鉴定和研究植物有很人的帮助。因此,在野外进行标本采集时,应尽可能地随采随记,以免发生漏记和错记等。记录要准确、简要、完整,以定义明确的词句扼要地把所观察到的项目填上去。

野外记录是一项非常重要的工作,因为当我们日后对一份标本进行研究时,它已经脱离了原来的环境,失去了原来的新鲜状态,特别是木本植物标本,仅仅是整株植物体上极小的一部分。根据标本的这些特点,如果采集时不做记录,植物标本就会丧失科学价值,成为一段毫无意义的枯枝。因此,必须对标本本身无法表达的植物特征进行记录,记录越详细越准确,标本的科学价值就越大。因此,必须坚持做好记录,并将采集的植物及时制成标本,妥善保存。

三、植物标本压制和干燥方法

新鲜的植物枝条如果不用科学的方法处理,自然干燥后将会皱缩成团,无法辨认。所以,标本采集回来之后,首要任务是进行标本的压制和干燥,目的是迅速压干含较多水分的新鲜植物标本,将其制成扁平的腊叶标本,保证植物形态和颜色不起很大的变化,并防止其部分脱落。

1. 用品用具

标本夹、报纸、烘干机或暖风机。

2. 标本检查

要注意检查采集记录上的采集号数与小标签上的号数是否相符,记录的是否是所采集的标本。这点很重要,如果发生错误,就会失去标本的价值,甚至影响到标本的鉴定工作。

3. 标本平压前的整理

茎或小枝要斜剪,以便观察中空或含髓的内部结构。将枝叶展开,反折平铺其中一小枝或部分叶片,进行观察鉴定时能见到植物体两面的构造。调整植物体上过于密集的枝叶及花果(但要保留叶柄以表明叶片的着生方式和着生位置,注意花果部分不要重叠)。大叶片可从主脉一侧剪去,并折叠起来,或可剪成几部分,但要注意编同一个采集号,以供鉴定时查对,然后三者合订为一份标本装订。

草本植物如根部泥土过多,则应整理干净后再压平。干燥时可将植物体折成"V"形、"N"形或"W"形,让其合乎一般标本的长宽尺寸。也可将植物切成分别带有花果、叶和根的三段压平,但要注意编同一个采集号,以供鉴定时查对,然后三者合订为一份标本装订。

4. 标本的压平

"腊",就是"干"的意思,新鲜的植物体,经过压平,失去水分变成了干的,腊叶标本就初具规模了。压平是制作腊叶标本的第一个步骤,也是最重要的一个步骤。

把整理后的植物标本置于放有吸水纸的一扇标本夹板上,在标本上放置2~3张干燥的吸水纸,然后放上采集来的标本,标本上再放上3~5张标本纸,然后再放标本,使标本和标本相互间隔,层层罗叠。摆放时要注意调整由于标本的原因造成的凹凸不平,使木夹内的全部枝叶花果受到同等的压力。压制时应注意植物体的任何部分不要露出吸水纸外,否则标本干燥时,伸出部分会缩皱,枯后也易折断。最后,再将另一片夹板压上,用绳子捆紧,罗叠高度以35 cm为宜。

当标本重叠到一定高度时,在最上面放5~10张吸水纸,把另扇标本夹板放在上面,进行对角线捆扎,捆扎后应使绳索在夹板正面呈"X"形。这一步骤的要求是要绑紧,绑紧才会压平,标本夹四角应大致水平,防止高低不均,目的是使标本迅速干燥并且突出展示特征。

换纸时,用干燥的吸水纸垫在下面,把标本从湿纸上取出轻轻置于干燥的纸上,换完后仍按照上述方法捆扎好,换下的湿纸要及时晒干或烘干,以备以后使用。在换纸的同时,还应注意对标本继续进行修整,铺展枝叶,收藏脱落的花果和清除霉烂等。标本压入标本夹以后,要勤换纸,换纸不及时,标本会发霉发黑,所以换纸是否及时是影响标本质量的关键。初压的标本水分多,通常每天要换纸2~3次。第三天以后,每天换1次纸,通常7~8天就可以完全干燥。一般标本纸换到8~10次时,标本基本上干燥了,则可隔天换一次,直至标本全部干燥为止。这时,可以将已干标本取出另放,未干者继续换纸。

随着标本的逐渐干燥,标本夹的捆扎要逐渐放松,以防止标本折断。

5. 标本的干燥

自然干燥法压平的标本颜色逼真,能使标本达到最自然的干燥效果,但该方法费工耗时,在大规模采集标本及有火力或电力供应的情况下,多采用人工热源干燥法来干燥标本。

人工热源干燥法的标本整理标准同自然干燥法,但标本一般是放置在报纸内,第一天以普通法压平,至第二天修正后,每一份植物夹于四折旧报纸的1份至数份报纸之间,由瓦楞纸或瓦楞铁隔开,然后用耐火捆带捆好,放置于热源上烘烤。如此重复若干次,使标本受热均匀。烘干时,应扎紧标本夹,标本过松可能会导致标本过度扭曲或枯萎。一天至少检查标本烘干状况两次,必要时可更换报纸。第一次换纸时,可重新整理标本以达到最佳效果,其中花部要重点整理。同期采集的标本有时不能以同一速度烘干,已烘干的标本应及时拿开,换下的纸晾干后可继续使用。标本完全干燥一般约需10余小时至1~2天。叶可用吹风机或其他鼓风干燥机干燥。

人工热源干燥的好处是干燥迅速,有消毒功效,可将多肉多浆的植物制作成良好标本,适用于高温多湿地区,本法所制成的标本在邮寄途中不必换吸水纸。

四、植物腊叶标本制作技术规程

腊叶标本的制作省工省料,便于运输和保存,是最常使用的一类植物标本。从野外采来的种子植物,主要用于制作腊叶标本。制作好的腊叶标本,一般都能长期保存。国外一些著名的植物标本馆中的一些标本,已有一二百年的历史,至今保存完好。

装订标本是获得高质量标本的重要一环,只有经过科学方法装订出来的标本才能充分发挥其研究素材的作用,同时也达到既便于保存又美观的效果。

塑封保存,对于保存植物标本是一种新方法,它将使标本不受虫蛀和霉变。由于阻隔空气,减少氧化,能较长时间地维持植物标本原有的色彩。所使用的塑封材料是封存身份证的塑料胶片,预期寿命长达50年。使用的机器是几百元一台的塑封机,价格便宜,使用方便。

制定统一的植物腊叶标本制作技术规程,有利于规范腊叶标本的整理和保存,有利于腊叶标本的标准化整理和数字化表达等基础性工作。

1. 范围

适用于各类型自然保护区、生态保护区植物腊叶标本制作技术。

2. 技术指标

① 完整的腊叶标本要求号牌、记录签、定名签完整。
② 腊叶标本的枝叶花果或孢子等完整,在台纸上排列的位置适宜。
③ 标本在台纸上牢牢地固定,不会晃动。
④ 台纸背面无突出物,不会损伤下一张台纸上的标本。

3. 植物腊叶标本和塑封标本的制作技术

(1)装订所需材料
台纸、白纸条、镊子、小枝剪、刻纸刀、白线、针、木胶、标签、纸袋等。
(2)腊叶标本制作
① 标本的选择和检查

标本的选择:选择有代表性的无病虫的植株或部分,如木本或藤本植物带有花、果、叶的枝条,草本植物花、果、根、茎、叶具备的全株,蕨类植物带有孢子囊群的孢子叶,苔藓植物带有颈卵器及精子器的植株或具有孢子体的植株。

装订入库标本必须有花果材料,至少有其中之一,仅仅为营养体的标本(叶枝标本)只有在本地首次采到等少数情况下才予以保留和装订。如果标本质量很差或仅有营养体,考虑是保存还是丢弃需征求高级研究人员的意见。

标本在装订前必须经过研究人员或有经验的技术人员检查和准备,以保证装订标本的前期质量,主要目的是确保标本本身的质量,包括去掉枯叶和根部泥土,剪下多余叶片或花果放置在纸袋中,以及检查有无采集标签、鉴定标签和标签是否写对、放对。

② 消毒

标本压干后,用升汞酒精液除霉消毒,以杀死标本上的霉菌、虫和虫卵。还有一种方法是把标本放进消毒室或消毒箱内,将四氯化碳、二硫化碳混合液置于玻皿中,放入消毒箱内铁纱下方,再将已压干的标本放在箱内铁纱上,关闭箱盖,利用熏蒸的方法将害虫或虫卵杀死,约 3 天即可取出。

③ 修剪和排列

将标本修剪或折叠成与台纸相应的大小(长约 35 cm,宽约 25 cm)。标本长超过 40 cm 时可折成"V"形或"N"形,折前宜先浸液使柔软。剪去多余叶子,显示隐藏的花和果(应注意保留叶柄)。叶形大者,只留一叶及花序,而由保留其叶柄以展示其叶序。

④ 标本装订

上台纸的方法:将白色台纸平整地放在桌面上,然后把消毒好的标本放在台纸上,摆好位置,即可装订。上台纸的方法有纸条固定法、线订法、胶粘法 3 种。

A. 纸条固定法:将韧性较强的纸条横跨在植物标本需固定的部位,然后再将纸条固定在台纸上,以达到固定植物标本的目的。操作时将台纸置于软木板或厚软纸板上,取标本放于台纸中央合适位置,然后在标本的中部沿主枝的两侧,分别用刀划透台纸成为宽约 3~4 mm 的小口(口的大小与纸条的宽窄一致,以纸刚能穿过为度)。后用小尖头镊子分别夹住纸条的两端,让其穿过小口。再用右手压住标本穿纸的位置,左手将标本连同台纸一起反转,背面朝上,轻轻地拉紧纸条的两端,这时纸条就把标本紧捆在台纸上了。然后分别把各端纸条向相对的方向用胶液牢牢横粘在台纸的背面,在标本主干或果实上可以如此反复用纸条固定。对一些小枝和某些叶背面涂以少量胶液,让它们粘贴在台纸上即可。至于每份标本上需要穿多少纸条,应视标本的具体情况而定,目的是要使标本牢固地粘贴在台纸上。

B. 线订法:是用线代替纸条而将标本缚在台纸上的一种装订方法。其操作方法是用缝针和线,线可使用表面光滑、有一定强度和柔韧性的棉线。标本各主枝、小枝处分别缚在台纸上。每缝一针打一结,结要求牢而小,勿多针串线,因为线条和线结很容易磨损、牵挂置在下方的标本。为了减少对其他标本的损伤,可以将线条和结用纸片贴住,或者在每份标本的正面,于台纸的边缘粘贴一张与台纸同形的透明玻璃纸,也可起到保护的作用。

C. 胶粘法:是把配好的胶液用软刷或软毛笔涂于平滑而又略大于标本的玻璃板上,后取标本以背面放于涂有胶液的玻璃板上,轻轻压一压各部,使其与胶均匀接触。然后小心地取下标本,移到台纸上平铺在合适的地方(注意按上述要求留出左上角和右下角,其标签粘贴时,边缘应与台纸相齐)。然后将贴好的标本(即连同台纸一起)放入两张干净的吸水纸或旧报纸之间,轻轻加压,使标本牢固地粘在台纸上,干后取出即可。

⑤ 标本的定名和标记

腊叶标本上台纸装订,要求号牌、记录签、定名签完整。确定标本的中文名、学名和科名,叫作定名。将信息填写到标本签上,贴在台纸的右下角,一份腊叶标本就制作完成了。

五、植物区系调查方法

植物区系的调查可以得出研究区域与各大区域或陆块之间的地史关系,并可推断科、属的大体起源时期。植物区系调查和分析是自然保护区重要的基础性工作,为开展保护和利用提供重要依据。

1. 适用范围

本方法规定了植物区系的调查方法、划分依据、分析程序、分析内容和文本规范要求。适用于各类型自然保护区、生态保护区植物区系的调查。

2. 植物区系的调查方法

每一个地区的植物区系均由具体的植物构成,即植物种是研究每一个具体地区的区系的基本单位。对某个地区进行植物区系调查,主要就是对该地区的植物物种进行调查和统计。植物调查的方法分为线路调查法和样地调查法两类。

（1）线路调查法

植物的分布与其所在的环境密切相关,不同的环境往往生长不同的植物。因此,调查路线的设计,应覆盖项目区不同地段的山脊、沟谷、坡向、最高海拔点、最低海拔点、不同生境(如石灰岩生境、砂岩生境、花岗岩生境、土山生境、原始生境、次生生境)等。

线路调查中,要尽可能地多采集植物标本。一方面这些标本是确定项目区植物种类和划分植物区系的最可靠凭据;另一方面,这些标本也是今后进行相关植物研究的必要材料和依据。

（2）样地调查法

如果要结合当地的植被特征,反映当地植被类型中起主要作用的植物区系成分,将植物群落学和植物区系学结合起来,则要进行样地调查。样地调查遵照相关方法执行。

（3）调查的时间

对同一个地区,要在不同的季节开展调查,才能最大限度地将当地的植物种类调查详尽。例如,对云南的大部分地区而言,夏季(6~9月)是雨季,不适宜进行野外工作;春季(2~5月)和秋季(9~11月)天气状况较好,多数植物种类都处于开花或结实的阶段,这时采集的标本容易鉴定。所以,对云南而言,春、秋两季是开展植物外业调查的好时机。冬季虽然天气晴朗,但是多数植物花果已经凋谢,或者已经落叶,一年生草本植物已经死亡,宿根性草本植物的枝叶凋萎,此时开展野外调查,效果不好。当然少数植物种类,如冬樱,正好在冬季开花,此时正是调查这类植物的好时机。所以,野外调查时间的选择,还应该因时、因地、因调查目的而异。

3. 植物区系划分的依据

任何一个植物类群,如藻类植物、菌类植物、地衣植物、苔藓植物、蕨类植物和种子植物,甚至某个科的植物,都可以用来进行植物区系的分析。而不同的生物类群,由于起源、迁移、发展、进化的历程不同,地球上的分布格局千差万别。因此,在对不同的生物类群划分区系成分时,相互之间有一定差别。在植物的各大类群中,以种子植物的种类最多、分布最广、与人类的关系最密切,因而研究了解得也多。

吴征镒院士 1991 年发表了《中国种子植物属的分布区类型》,对我国种子植物的 3 116 个属的分布区进行了分析,将其划分为 15 个分布区类型和 31 个分布区变型。这是进行中国各地植物区系分析的重要依据。此外,吴征镒院士 2003 年发表的《世界种子植物科的分布区类型系统》和 2006 年出版的《种子植物分布区类型及其起源和分化》可作参考。吴征镒对我国种子植物属的分布区类型的划分和界定如下:

吴征镒院士划分的我国种子植物属的分布区类型

1　世界分布指遍布世界各大洲而没有特殊分布中心的类群,或虽有一个或数个分布中心但包含世界分布种的类群。我国的属有蓼属(*Polygonum*)、悬钩子属(*Rubus*)等 104 属。

2　泛热带分布指普遍分布于东、西两半球热带,和在全世界范围内有一个或数个分布中心,但在其他地区也有一些种类分布的类群。我国有榕属(*Ficus*)、冬青属(*Ilex*)、山矾属(*Symplocos*)等 316 属。泛热带分布属包含以下 2 个变型:

2-1　热带亚洲、大洋洲(至新西兰)和中、南美洲(或墨西哥)间断分布,如西番莲属(*Passiflora*)、糙叶树属(*Aphananthe*)等。

2-2　热带亚洲、非洲和中、南美洲间断分布,如桂樱属(*Laurocerasus*)、雾水葛属(*Pouzolzia*)等。

3　热带亚洲和热带美洲间断分布指间断分布于美洲和亚洲温暖地区的热带属,在东半球从亚洲可能延伸至澳大利亚东北部或西南太平洋岛屿。我国有木姜子属(*Litsea*)、柃木属(*Eurya*)等 62 属。

4　旧世界热带分布指分布于亚洲、非洲和大洋洲热带地区及其邻近岛屿的类群。本分布类型还有下列 1 个变型。

4-1　热带亚洲、非洲(或东非、马达加斯加)和大洋洲间断分布,如瓜馥木属(*Fissistigma*)、柴龙树属(*Apodytes*)等。

5　热带亚洲及热带大洋洲分布指分布于旧世界热带分布区东翼的类群,其西端有时可达马达加斯加,但一般不到非洲大陆。我国的属有崖爬藤属(*Tetrastigma*)、球兰属(*Hoya*)等 147 属。

6　热带亚洲至热带非洲分布指占据旧世界热带分布区西翼的类群,即从热带非洲至印度—马来西亚(特别是其西部),有的属也分布至斐济等南太平洋岛屿,但不见于澳大利亚大陆。我国的属有豆腐柴属(*Premna*)、土密树属(*Bridelia*)等 149 属。此分布类型还包括以下 2 个变型:

6-1　华南、西南到印度和热带非洲间断分布,如虾子花属(*Woodfordia*)、杨桐属(*Adinandra*)和姜花属(*Hedychium*)等。

6-2　热带亚洲和东非或马达加斯加间断分布,如南山藤属(*Dregea*)。

7 热带亚洲(印度—马来西亚)分布指占据旧世界热带中心部分的类群,范围包括印度、斯里兰卡、中南半岛、印度尼西亚、加里曼丹、菲律宾及新几内亚等,东面可到斐济等南太平洋岛屿,但不到澳大利亚大陆。其分布区的北缘,到达我国西南、华南及台湾,甚至更北地区。我国有石斛属(*Dendrobium*)、茶属(*Camellia*)、含笑属(*Michelia*)等442属。此类型还包括以下4个变型:

7-1 爪哇(或苏门答腊)、喜马拉雅间断或星散分布至华南、西南。重要的如木荷属(*Schima*)、重阳木属(*Bischofia*)、蕈树属(*Altingia*)、大参属(*Macropanax*)等。

7-2 热带印度至华南(尤其云南南部)分布,如翅果麻属(*Kydia*)、香茶菜属(*Rabdosia*)、方竹属(*Chimonobambusa*)等。

7-3 缅甸、泰国至华西南分布,如茉莉果属(*Parastyrax*)、火烧花属(*Mayodendron*)等。

7-4 越南(或中南半岛)至华南(或西南)分布,如长蕊木兰属(*Alcimandra*)、木瓜红属(*Rehderodendron*)、新樟属(*Neocinnamomum*)等。

8 北温带分布指分布于欧洲、亚洲和北美洲温带地区的类群。我国的属有杜鹃花属(*Rhoddpendron*)、荚蒾属(*Viburnum*)、槭属(*Acer*)等213属。此类型还包括以下6个变型:

8-1 环北极分布,主要分布于北温带北部及极地周围,个别可延伸到更低纬度,包括环两极分布,如杜鹃花科的松毛翠属(*Phyllodoce*)等。

8-2 北极—高山分布,在环北极或较高纬度的高山分布,有的可以达到亚热带或热带高山地带,如山蓼属(*Oxyria*)等。

8-3 北极至阿尔泰和北美洲间断分布,与上面的两个变型相近,但是不见于欧洲,如假碎米荠属(*Cardaminopsis*)等。

8-4 北温带和南温带(全温带)间断分布,如稠李属(*Padus*)、越桔属(*Varccinium*)等。

8-5 欧亚和南美洲温带间断分布。

8-6 地中海、东亚、新西兰和墨西哥—智利间断分布。属于此变型的属只有马桑属(*Coriaria*)。

9 东亚和北美洲间断指间断分布于东亚和北美洲温带及亚热带地区的类群。我国的属有栲属(*Castanopsis*)、山蚂蝗属(*Desmodium*)、绣球属(*Hydrangea*)等123属。该类型还有下列1个变型:

9-1 东亚和墨西哥间断分布,如溲属(*Deutzia*)等。

10 旧世界温带分布指广泛分布于欧洲、亚洲中高纬度的温带和寒温带,或最多有个别延伸至北非及亚洲—非洲热带山地或澳大利亚的类群。我国有香薷属(*Elsholtzia*)、瑞香属(*Daphne*)等。该类型还包括以下3个变型:

10-1 地中海区、西亚(中亚)和东亚间断分布,如女贞属(*Ligustrum*)。

10-2 地中海区和喜马拉雅间断分布,如滇紫草属(*Onosma*)和蜂蜜花属(*Melissa*)。

10-3 欧亚和南部非洲间断分布,如细莞属(*Isolepis*)和蛇床属(*Cnidium*)。

11 温带亚洲分布指分布区主要局限于亚洲温带地区的类群。我国属于这一分布区类型的属有甘遂属(*Stellera*)、齿冠草属(*Myriactis*)、蔓龙胆属(*Crawfurdia*)和附地菜属(*Trigonotis*)等55属。

12 地中海区、西亚至中亚分布指分布在现代地中海周围。西亚包括哈萨克斯坦的巴尔喀湖、天山中部和西喜马拉雅(约东经 38°)以西的亚洲西部地区;中亚(中央亚细亚)包括巴尔喀什湖湖滨、天山山脉中部、帕米尔至大兴安岭、阿尔金山、西藏高原的类型。我国属于这一分布区类型的有假木贼属(*Anabasis*)等 152 属。该分布区类型还有以下 5 个变型:

12 - 1　地中海区至中亚和南美洲、大洋洲间断分布,如蒺藜科的霸王属(*Zygophyllum*)等。

12 - 2　地中海区至中亚和墨西哥间断分布,如骆驼蓬属(*Peganum*)等。

12 - 3　地中海区至温带—热带亚洲、大洋洲和南美洲间断分布,如齐墩果属(*Olea*)等。

12 - 4　地中海区至热带非洲和喜马拉雅间断分布,如假紫草属(*Arnebia*)等。

12 - 5　地中海区至北非洲、中亚、北美洲西南部、智利和大洋洲(泛地中海)间断分布,如薄果荠属(*Hymenolobus*)等。

13　中亚分布指只分布于中亚,特别是山地,而不分布于西亚及地中海周围的类群。我国有白麻属(*Poacynum*)等 69 属,该分布型之下又有 4 个分布亚型:

13 - 1　中亚东部(亚洲中部)分布,其分布区在我国新疆(尤其是南疆)、甘肃、青海至内蒙古范围内,如合头草属(*Sympegma*)等。

13 - 2　中亚至喜马拉雅和我国西南分布,如毛果紫草属(*Lasiocaryum*)等。

13 - 3　西亚至喜马拉雅和西藏分布,如藏瓦莲属(*Sempervivella*)等。

13 - 4　中亚至喜马拉雅—阿尔泰和太平洋北美洲间断分布,如微核草属(*Microcaryum*)等。

14　东亚分布指分布在东经 83°以东的喜马拉雅、印度东北部、缅甸北部、北部湾北部山区、中国大部分地区、朝鲜半岛、日本及其岛屿、萨哈林南部和中部北纬 51°30′以南的黑龙江流域至海滨、外贝加尔东南部及蒙古东北部的类群。我国有猕猴桃属(*Actinidia*)、沿阶草属(*Ophiopogon*)、南酸枣属(*Choerospondias*)、青荚叶属(*Helwingia*)等 73 属。该分布区类型有以下 2 个变型:

14 - 1　中国—喜马拉雅分布。本变型有合耳菊属(*Synotis*)、吊石苣苔属(*Lysionotus*)、水青树属(*Tetracentron*)、十齿花属(*Dipentodon*)等 141 属。

14 - 2　中国—日本分布类型都是单种属或少型属,如钻地风属(*Schizophragma*)、山桐子属(*Idesia*)、山海棠属(*Tripterygium*)、松风草属(*Boenninghausenia*)、风龙属(*Sinomenium*)等 85 属。

15　中国特有分布指自然分布于我国境内或以我国境内的自然植物区为分布中心而适当超越国境的类群。中国特有分布类型的属有大血藤属(*Sargentodoxa*)、银鹊树属(*Tapiscia*)、鸡仔木属(*Sinoadina*)、马铃苣苔属(*Oreocharis*)、南一笼鸡属(*Paragutzlaffia*)、全唇花属(*Holocheila*)。

4. 植物区系分析的程序和主要内容

(1) 植物区系分析的程序

对某个地区的植物区系进行分析,包括物种编目(文献和鉴定)及区系分析两个方面。

① 物种编目

A. 某个地区的植物区系是自然形成的,是该区自然历史的反映。因此,进行植物区系分析时,只分析该地区的野生植物和归化植物,而不包括栽培植物。

B. 对该区进行详细的植物标本采集和鉴定,采集越详尽,鉴定越准确,就越有价值。

C. 到相关的植物标本室查阅该地区以往采集的植物标本,并进行系统的标本登记。

D. 收集以往有关该地区的植物文献资料,以掌握该区以往记录过的植物种类。

E. 完成标本采集、标本查阅和文献资料收集整理之后,做出详尽的植物名录,建立该区的植物数据库。

② 区系分析

A. 依据有关植物分类学和植物区系学的文献,逐一确定该区每个植物分类群(科、属、种)的分布区类型。

B. 分科、属、种不同层次,进行分布区类型的统计,产生相应的统计表格。

C. 根据科、属、种分布区类型的统计表,进行该区植物区系的分析,通常应该与其他地区,尤其是已经被研究过的相近地区进行比较,得出该地区植物区系的主要特征。

(2) 植物区系分析的主要内容

开展种子植物区系调查是自然保护区调查与分析的主要内容。有条件的情况下还应该同时开展其他植物类群,如蕨类植物、苔藓植物、菌类植物等的调查和区系分析。如果没有特别注明,以下所指的植物区系分析,是特指种子植物区系分析。

同一个地区植物的分布类型可以从科、属、种 3 个层次上进行划分和分析。

① 科的分析

A. 科的分布群类型分析研究表明,同一个科的植物具有共同的起源。科的分析可以初步确定植物区系性质及其更为古老的区系联系。

按照吴征镒院士的划分,中国种子植物科的分布类型与中国种子植物属的分布类型基本一致,具体的划分情况可以参见《云南植物研究》2003 年第三期《世界种子植物科的分布区类型系统》及《种子植物分布区类型及其起源和分化》(2006)。其中,对特有科要进行重点分析。

B. 科的数量结构分析阐明所调查地区的植物区系构成中每个科所含的属数和种数,对科的大小进行排序。重点分析该区大科的性质和特点及在当地植被和生境中的作用等等,并分析该区"单种科""单型科"等,阐述这些科存在的原因和意义。

② 属的分析

A. 属的分布区类型分析:在植物区系分析中属是最主要的分类等级,因为科的范围通常较大,而且不同分类系统中科的差异也大,而属的大小比较适中,分类学上也比较稳定。大多数的属是真正的自然群,其发生单元上有共同的祖先。这一点最能说明植物的空间分布和演化关系,因为属的分布区是属内各个种的分布区的总和,而这些种的分布区可以表现出该属植物的演化扩展过程和区域差异,可以说明属种的形成和演化。对每种分布区进行比较,说明该区的植物区系地位及与其他地区的地理联系。

应俊生等于 1994 年对我国 247 个特有属进行了详细的介绍,是进行特有属分析很好的参考资料。

每个属的分布区类型的确定,现在基本上以吴征镒院士 1991 年发表在《云南植物研究》增刊 Ⅳ 上的《中国种子植物属的分布区类型》为依据。另外,吴征镒院士在 1993 年的《云南植物研究》增刊上对 1991 年发表的《中国种子植物属的分布区类型》进行过增订和勘误。

另外,2006 年吴征镒院士在《种子植物分区类型及其起源和分化》专著中,介绍了植物区系地理学的最新研究成果,对以前的类群和划分进行了补充和修订。

B. 属的数量结构分析:统计该区每个属所含种类的多少,对属的大小进行排序。从构成该区的大属的性质可以阐述该植物区系的主要特征。另外,对只有一种的单种属和只有 2~4 种的少型属也进行重点分析,它们多数是一些起源古老的属,能够阐明该植物区系的特有性质等。

③ 种的分析

种是植物分类中最基本的单位,种具有共同的形态特性、生理特性、生态特性和遗传特性,因此种的分布范围比属的分布范围小得多,所以种的分析能更加具体地反映不同地区之间植物地理区系特征的区别。

我国种子植物约 3.4 万种,许多种在国内外的分布情况到现在还不清楚,因此目前还没有一本现成的专著或工具书能够直接查询每个种的分布区域和分布区类型,这种情况给进行种的地理成分分析造成一定的困难。一般可根据现有的各种植物分类学文献对物种分布的详细记载,按照属的分布区类型的划分方案,确定所涉及的种的分布区类型。

由于种的分布范围比属的分布范围小,因此一个地区的特有属不会很多,但是特有种就明显增多。因此,在种的区系分析中,特有种的分析就成为最重要的内容,它可以更加客观地解释该区之外区系的特点和价值。

根据特有种分布的区域(位置、范围和形状),特有种可以而且应该进一步划分为更多的类型,才能够反映具体地区的特点。如云南西南部铜壁关自然保护区的"中国特有种"可以进一步划分为"西南特有种""华南特有种""西南—华南特有种""西南—华南—华东特有种""滇西—藏南特有种""云南特有种""滇西南—滇东南特有种""滇西南特有种""高黎贡山特有种""铜壁关特有种"等。但是,究竟如何进一步划分特有种,由于种的分布现象的多样性,现在尚无一公认的方法和标准。

六、植物群落样地调查方法

群落是调查植物的基本单元,而要阐明某区域的种类组成、群落结构、种间相互关系、群落和环境相互关系等,都要从群落的样地调查做起,它是群落研究的起点,也是一切群落研究的基础。随着群落研究的深入,其调查必然从定性发展为定量。因此,为适应自然保护区群落研究发展的需要和提高自然保护区群落调查数据的通用性、可比性和可整合性,特制定群落样地调查技术规范。

1. 术语和定义

① 植物群落:在一定地段上的植物的自然组合,它具有一致的环境条件和外貌,在植物与环境之间存在着一致的相互关系。

② 枝下高:指乔木茎秆最下面的活枝的高度。

③ 冠幅:指树冠的投影面积,通常不是圆形,通常取两个垂直方向的数据,如 5.5 m× 4.1 m。

④ 秆型特征:分为 3 级。Ⅰ级——全秆通直,约 80%以上的木材可以作为 2 m 材利用; Ⅱ级——部分弯曲,约 50%~80%的木材可以作为 2 m 材利用;Ⅲ级——较弯曲,50%以下的木材可以作为 2 m 材利用。

⑤ 物候:分为半无叶期、无叶期、芽期、幼叶期、盛叶期、花蕾期、初花期、盛花期、末花期、初果期、盛果期、落果期等等。

⑥ 生活力:分为 4 级,即优、良、中、差。

优——枝叶繁茂,生长正常,也无明显病虫害。

良——枝叶较繁茂,有一定病虫害,但不影响生长。

中——枝叶不繁茂,有明显病虫害,已经影响生长,但可以自然恢复。

差——枝叶稀疏、不正常,有严重病虫害,自然情况下可以预计将要死亡。

⑦ 生活型:指草本和层间植物的具体类型。

草本植物的生活型进一步区分为一年生、二年生、多年生,地上芽、地面芽、地下芽、腐生等类型。

层间植物的生活型分为藤本植物、附生植物、半附生植物和寄生植物。

藤本植物进一步区分为木质藤本、一年生草质藤本、二年生草质藤本、多年生草质藤本。

A. 附生植物:指依附他物而生于空中,气生根不入土的类型。分为木本附生植物、半木本附生植物和草本附生植物。

B. 半附生植物:指植物主体依附他物而生于空中,但是气生根入土,从土壤中汲取水分和无机盐的类型。

C. 寄生植物:空中寄生(如桑寄生、菟丝子)和根部寄生(如蛇菰、野菰),后者也可以划归为草本植物。

⑧ 盖度:某类(种)植物在地面的垂直投影面积占样地总面积的比例。德氏多度(盖度)分为 6 级。

5——个体或多或少,盖度达 3/4 以上

4——个体或多或少,盖度达 1/2~3/4

3——个体或多或少,盖度达 1/4~1/2

2——个体数量多,盖度达 1/20~1/4

1——个体数量尚多,盖度只有 1/20 以下

+——个体单株散生(盖度很小)

⑨ 群聚度:指被调查的植物在样地中分布的格局,分为 5 级。

5——个体成片生长

4——个体成大片生长

3——个体集中成小片

2——个体密集成簇

1——个体单株散生

⑩ 叶片大小:叶片的大小可以反映群落所在的生境的雨热等特征,是进行群落生活型分析的重要因子。记录时,记录植株叶片的平均长和平均宽。如果是复叶的种类,则叶片的面积是指复叶小叶的面积。

2. 植物群落样地的调查

(1)线路调查与样地选取方式

借助适当比例尺的国家标准地形图或卫星影像,按预设线路进行植被踏查,在线路踏查的基础上,根据地形、海拔、坡向、坡位、地质土壤以及植物群落的生态结构和主要组成成分,采取典型选样的方式设置群落样地。

(2)样地选取原则

为使调查样地能反映群落的典型性,在进行样地设置时须同时考虑以下因素:

① 根据群落优势种或建群种来判断群落的同质性。当物种组成复杂时,可以用一个或几个物种组合来确定群落的同质性。物种组应尽可能是均匀一致的,在样地内不应看到结构明显的分界线的变化。

② 因地形差异而出现不同的群落生境和群落结构,样地应设置在能够反映某群落生境基本特征的地方,且样地的生境条件应尽可能一致。

③ 群落的空间结构包括群落的水平结构和垂直结构。样地内不能有大的林窗,不应出现一个种在样地的一边占优势,另一个种在样地内另一边占优势的情况。从垂直结构上看,要注意选择层次结构有代表性的地段设置样地。

④ 人为影响的代表样地要反映群落的自然特征,应选择人为活动或影响较少的地段,如样地不能横跨在路的两边。

(3)样地面积和形状

确定植物群落调查样方大小,样地面积大小必须包括群落片段中绝大部分种类,能反映这个群落片段种类组成的主要特征,因此,在具有一致性的群落地段,按不同群落类型的"最小面积"要求典型样地。样地形状方形或长方形均可。样地面积指投影面积,样地的建立要用罗盘仪测定。在样地内建立 5 m×5 m 的网格,调查时以网格为单位进行调查。

(4)样地的数量

当所调查的样地面积小于 500 hm^2 时,设置 5 个样地;大于 500 hm^2 时,每增加 100 hm^2 增设一个样地。样地总数以 20 个为宜,相邻样地的距离应保持 100 m 以上。

(5)样地调查

① 群落样地调查总表

建立样地边线和网络线后,首先要对这个样地做一般性的描述,填写植物群落调查总表,其中包括样地号、调查日期、调查者、调查地点、植物群落名称、GPS 坐标、地貌类型、表层岩石和地质情况、土壤情况、生境条件、大地形、小地形、群落的地标覆盖特征等。

② 植物群落分层调查记录表

调查中,凡是胸径等于或大于 5 cm 以上的木本性直立植株,视为乔木层种类,进行每木调查;凡是胸径小于 5 cm 的木本植物视为灌木层,包括未进入乔木层的下木及乔木种类的幼苗、幼树,进行高度、株(丛)数、冠幅和德氏多度级调查。藤本及附生植物(层间植物)进行攀缘高度(附生高度)、株丛数及盖度调查,藤本植物还进行基干粗度调查。

A. 乔木层每木调查记录表

对乔木层记录每一株树的种名,并进行每木调查。在样地内设置若干 5 cm×5 cm 的网格,以网格为单位。调查内容包括每一株树的网格号、确定树种、树种起源类型、测量胸径、树高、枝下高、冠幅、秆型特征、物候、生活力等数据。

根据每木调查结果,经整理计算可得每个树种的相对多度、相对显著度、相对频度以及它们的重要值,即重要值的百分数。

B. 灌木层和草本层胸径 5 cm 以下木本、幼苗及草本植物调查记录表

在样地内按梅花形选择 5 个 5 cm×5 cm 的网格,对灌木(幼苗)和草本进行调查。

灌木指进入乔木层的下木,乔木种类的幼苗、幼树,通常指胸径小于 5 cm 或高度低于 5 cm 的木本植物。调查内容包括植物名称、高度、数量、水平分布格局(群聚度)、物候、生活力等,灌木记载株数、丛数及盖度。

植物名称:以网格为单位,调查每种植物,网格外有的也要记录,注明与网格内的区别。

高度:最低高度、一般高度和最高高度。对灌木和更新苗木要测量每株的高度。

C. 层间植物调查

包括木质藤本、草质藤本、附生、寄生植物。对样地中凡是粗度等于或大于 5 cm 的藤本植物都逐一编号,逐株调查,内容包括确定种类,测量粗度和攀缘、附生或寄生高度等。调查内容和标准格式见层间植物调查记录表。

乔木层野外样方调查表

群落名称＿＿＿＿＿＿＿＿＿＿　样地面积＿＿＿＿＿＿＿＿＿＿
野外编号＿＿＿＿＿＿＿＿＿＿　调查时间＿＿＿＿＿＿＿＿＿＿
层次名称＿＿＿＿＿＿＿＿＿＿　层 高 度＿＿＿＿＿＿＿＿＿＿
层 盖 度＿＿＿＿＿＿＿＿＿＿　记 录 者＿＿＿＿＿＿＿＿＿＿

编号	植物名称	高度(m)	株数(株)	盖度(%)	物候期	生活力	附记

灌木层野外样方调查表

群落名称＿＿＿＿＿＿＿＿＿＿＿＿＿＿＿＿＿＿＿＿样地面积＿＿＿＿＿＿＿＿＿＿＿＿＿＿＿＿

野外编号＿＿＿＿＿＿＿＿＿＿＿＿＿＿＿＿＿＿＿＿调查时间＿＿＿＿＿＿＿＿＿＿＿＿＿＿＿＿

层次名称＿＿＿＿＿＿＿＿＿＿＿＿＿＿＿＿＿＿＿＿层 高 度＿＿＿＿＿＿＿＿＿＿＿＿＿＿＿＿

层 盖 度＿＿＿＿＿＿＿＿＿＿＿＿＿＿＿＿＿＿＿＿记 录 者＿＿＿＿＿＿＿＿＿＿＿＿＿＿＿＿

编号	植物名称	高度(m)		冠径(m)		丛径(m)		株丛数	盖度(%)	物候期	生活力	附记
		一般	最高	一般	最大	一般	最大					

草木层野外样方调查表

群落名称＿＿＿＿＿＿＿＿＿＿＿＿＿＿＿＿＿＿＿＿样地面积＿＿＿＿＿＿＿＿＿＿＿＿＿＿＿＿

野外编号＿＿＿＿＿＿＿＿＿＿＿＿＿＿＿＿＿＿＿＿调查时间＿＿＿＿＿＿＿＿＿＿＿＿＿＿＿＿

层次名称＿＿＿＿＿＿＿＿＿＿＿＿＿＿＿＿＿＿＿＿层 高 度＿＿＿＿＿＿＿＿＿＿＿＿＿＿＿＿

层 盖 度＿＿＿＿＿＿＿＿＿＿＿＿＿＿＿＿＿＿＿＿记 录 者＿＿＿＿＿＿＿＿＿＿＿＿＿＿＿＿

编号	植物名称	花序高(m)		叶层高(cm)		冠径(cm)		丛径(cm)		株丛数	盖度(%)	物候期	生活力	附记
		一般	最高	一般	最高	一般	最大	一般	最大					

七、野生植物资源监测

本节是自然保护区野生植物资源监测的技术标准,是自然保护野生植物资源监测标准化的基础,定义了自然保护区野生植物资源监测的方法和内容。

野生植物定位监测是以实现综合野外观测和科学研究为一体的长期连续的科学技术工作。以可持续发展为宗旨,以生态学、植物种群生态学及生物环境学理论为指导,研究植物居群数量和分布及其居群结构的变化;分析和评估这些变化的生态学成因、社会学成因和灾害成因,以预测植物资源的生长变化趋势;分析和评估人类活动的方式和强度以及自然保护区管理对野生植物资源生长变化的影响;以充分掌握植物资源数量的动态变化和保护管理的有效性,为政府决策提供准确可信的规范化数据。

1. 术语和定义

(1) 逸生植物和归化植物

某个地区原来没有自然分布的植物,由于人类有意无意引入后,从栽培状态散布到自然环境,或从引入地扩散出去的现象,称为逸生(escape)。逸生的种类不一定都能在自然环境中建立自然繁衍的种群。逸生的植物中,如果在自然环境中已经建立了自我繁衍种群的,称为归化(naturalization)。归化种肯定是逸生种,逸生种未必是归化种。如蓝桉,原产澳洲,被广泛引入我国南方栽培,目前已经在野外看到少数栽培状态下种子落地后自然形成的实生苗,但是这些实生苗生长到一定阶段基本死亡,尚未发现实生苗成长为成熟个体并周而复始地产生种子和实生苗的情况。因此可以说,蓝桉在我国南方已经逸生,但是尚未归化。

(2) 野生植物

野生植物(wild plant)指自然分布、经过人为栽培后才能生存繁殖的植物,包括原生的土著植物、自然散布后成功定居的外来植物和引种栽培后其繁殖体逸生的非原生的土著植物,也包括这些物种的繁殖体未经人工栽种而形成的种群。

(3) 野生植物资源

已经被人类利用或对人类具有利用价值、生存价值、科研价值、文化价值等的野生植物,称为野生植物资源(wild plant resource)。野生植物资源包括资源植物、保护植物、珍稀植物、特有植物及有潜在利用价值的植物。

① 保护植物

保护植物(protected plant)包括以下类别:

国家重点保护植物:按照 1999 年 8 月国务院公布的"国家重点保护野生植物名录(第一批)"确定国家级保护植物的种类和级别。

地方重点保护植物:按照各地方政府颁布的保护植物名录确定各地方保护植物的种类和级别。

② 珍稀濒危植物

按照《中国植物红皮书》(1991)和《中国物种红色名录》(2004)确定的名录,确定珍稀濒危植物(rare and endangered plant)的种类和级别。

③ 特有植物

按照《中国植物志》、各地方植物志的记载,确定各地区特有植物(endemic plant)的特有程度。特有程度分为"中国特有""省级特有"和"狭域特有"。

(4) 种群和居群

种群(population)是在一定空间范围内同时生活着的同种个体的集群。population一词源于拉丁语 populus,原意为人群,在植物学中推广至一切物种,称为种群。目前国内生态学科多使用"种群",分类学多使用"居群"。因此,在国内生物学领域,种群和居群的含义基本一致。

同一物种可有许多种群分别存在不同地区,主要是地理的原因阻止了它们之间的交配。地理的原因有两种:一种情况是存在着地理屏障,如岛屿上的兽群被海隔绝,绿洲中的兽群被沙漠环绕,这一类型的地理隔离是明显可见的;另有一种情况,如欧、亚、北美北部的广阔林带可绵延千里,其间环境条件连续渐变,无法找出明显界限可借以区分出个别种群,林带中相距较远的同种个体仅因距离关系无法静心交配,这是另一类型的地理隔离。

2. 方法和技术标准体系

(1) 监测对象的选择

植物资源监测对象应该是当地典型或是有代表性的物种,具有较高的经济价值或是重要的研究价值,对人类有特殊价值的物种等。

根据监测目的的不同,对监测对象有不同的选择要求,以下是其中的主要方面:

① 针对生物多样性保护的监测,主要的监测对象可以选择各类珍稀濒危保护种和特有种。

② 针对环境变化的监测,主要的监测对象可以选择植物群落的关键种、特征种、优势种、指示种等。

③ 针对植物群落演变的监测,主要的监测对象可以选择各地主要的物种。

④ 被选择的监测物种在保护区必须具有一定的种群数量。

(2) 监测方式

监测的方法主要是定点监测,即在监测地点设置永久性的记号或标记,如埋设水泥桩、拉铁丝网护栏等,将监测点永久固定,今后才能够继续复测。监测点的具体设定可以是样地监测,也可以是物种监测,视具体目的而定。

① 样地监测。在适宜的地点建立监测样地,定期,如每隔1年或2年复测调查样地内的所有林木和植物,监测的内容与植物群落调查的内容大致相近。通过样地间的监测可以得出群落演变和植物生长变化的许多宝贵信息。

② 物种监测。只对监测点的目的物种进行监测和记录,对目标周围的其他物种不做记录。这种情况无须设置样地,但是对监测的对象要进行标记。标记可以设置在明显位置,或设置后不让人发现等。前者会让人有意保护,或会被人故意破坏,容易受到人为因素的影响。后者无人干预,或者无人主动干预,监测结果更能反映自然状态下的变化情况。监测的内容主要是被监测物种的数量、个体生长数据、种群更新数据及个体消亡、流失的原因和数量等。

(3) 监测地的选择

监测地点的选择依据监测目的而定。如果监测目的是获得当地植物资源、重要植物的自然更新、生长、消亡的数据,则监测点应该选择无人为影响的区域,这样才能反映其自然变化的过程。

如果监测的目的是获得当地利用资源植物的数据,则监测的地点应该选择人为活动可及的区域。这样才能反映当地社区对资源植物利用的强度和变化趋势等信息。在具体选择监测点(监测样地)时,要注意以下要素:

① 监测对象生境的一致性;② 监测样地布局上的均匀性;③ 监测对象在保护区中所处

的不同功能区;④ 人为活动干扰大小不同;⑤ 便于管理和实施调查。

(4) 监测样地设置的方法

监测样地的设置包括样地的形状、样地面积及其数量等因素。

① 样地形状:样地的形状采用方形样地。

② 样地的面积和数量。

样地面积指投影面积,样地的建立要用罗盘仪测定。热带雨林的样地面积取 50 m×50 m,亚热带森林的样地面积取 30 m×30 m,温带森林的样地面积取 20 m×20 m,灌木类型的样地面积取 10 m×10 m,草地类型的样地面积取 2 m×2 m。

样地数量:监测目的物种所处的群落面积小于 500 hm² 时,设置 5 个样地;大于 500 hm² 时,每增加 100 hm² 增设 1 个样地。样地总数以 20 个为宜,相邻样地的距离应保持 100 m 以上。

(5) 监测对象的标识

监测的植物通过编号牌、涂油漆、持久性水泥桩或塑料桩进行标记和固定。

(6) 监测样地调查内容和方法

与植物群落的样地调查内容和方法一致。

(7) 监测样地的复测

复测的时间:监测样地的复测时间可以设置为两年或两年以上。每次复测的日期前后要尽量保持一致。

① 按树木编号测量胸径;② 用初测时同样的工具和方式测定树高;③ 用初测时的调查标准复测每个小样方的树种更新和灌木、草本的盖度和数量;④ 复测的方法和内容与样地调查时的内容一致。但是,每次复测时,对新增的胸径(DBH)达到或超过 3 cm 的幼树要给予挂牌、定位和进行每木调查。

3. 监测数据的应用

监测数据按照群落生态学、种群生态学等学科的理论和方法进行分析和应用,以定期反映当地植物资源的动态变化规律,并为发现和利用当地的植物资源提供一定的科学依据。

第二部分

酒鬼酒地理生态环境保护区自然生态背景调查与生态功能研究报告

第四章　研究背景

　　生态系统是一个由自然—社会—经济 3 个亚系统构成的复合系统,它不仅是支撑地球生物圈的结构组成单元,也是人类赖以生存和发展的基础。作为一个生态系统,不论大小和类型,都是由生物环境和非生物环境两大要素组成的,具有一定的结构。作为生物与环境组成的统一整体,生态系统不仅具有一定的结构,而且具有一定的功能。生态系统服务功能是指生态系统及其发展过程中所形成及所维持的人类赖以生存的自然环境条件与效用,它不仅为人类提供了食品、医药及其他生产生活原料,更重要的是维持人类赖以生存的生命支持系统,维持生命的生物地化循环与水文循环,维持生物物种与遗传多样性,维持大气化学系统平衡与稳定。

一、研究综述

1　生态功能研究进展

（1）国外研究进展

　　早在 18 世纪人类就意识到生态系统对于社会发展的支持作用。1864 年,George Marsh 在 *Man and Nature* 中首次记载了生态系统服务功能的作用。德国学者 Haeckel 在 *Generelle Morphologie* 一书中创建了早期的生态学。20 世纪 20 年代,Mckenzie 建立了经济生态学。之后,有众多学者从宏观上探讨了人类生存与自然界的关系。20 世纪 30 年代,英国生态学家 Tansley 提出生态系统的概念,并逐渐把生态学推向生态系统研究的新高度。20 世纪 40 年代以来,生态系统概念和理论的提出和发展促进了人们对生态系统结构和功能的认识及了解,并为人们研究生态系统服务功能提供了科学基础。1942 年,Linderman 对于营养动力学的贡献为生态学的研究提供了定量化的途径与手段。Fairfield Osborn 指出,地球上人类可居住及可耕种的地方就可以发现动植物、土壤和水是人类文明得以发展的条件。William Vogt 在"生存之路"中指出,如果我们耗竭自然资源资本,就会降低我们偿还债务的能力。真正开始深入思考生态系统的服务功能的人是 Aldo Leopold,他认识到人类自身不可能替代自然生态系统服务功能。20 世纪 50 年代,Sears 经过研究注意到生态系统的再循环服务功能,而 Odum 则认为生态系统就是生命有机体和无机物相互作用并且相互之间产生物质交换的一个自然区域。20 世纪 60 年代,*Silent Spring* 在美国问世,是人类首次关注环境问题的标志性著作。1966 年 R. T. King 的"Wildlife and man"与 1969 年 D. R. Helliwell 的"Valuation of Wildlife resources"中均提到了"wildlife service"一词,生态系统服务功能(ecosystem services)

的概念在 King 和 Helliwell 的文章中最早出现。

随着生态系统概念和理论的发展,生态系统服务功能成为一个科学术语及生态学与生态经济学研究的分支,进行全面的科学表达及系统的定量研究始于 20 世纪 70 年代。1970年,SCEP 在 *Man's Impact on the Global Environment* 报告中首次使用了生态系统服务功能的"service"一词,并列出了自然生态系统对人类的"环境服务"功能。Holdren 和 Ehrlich 提出了生态服务功能(ecological service)的概念。Westman 第一次使用"自然的服务"一词对自然生态系统的人类服务价值做了尝试性评估。1979 年,自然资源学家 Cook 指出自然资源的开发是有限的、不可逆的,对自然资源的使用必须以一定的经济代价作为补偿。

"生态系统服务功能"概念提出以来迅速成为国际生态学界以及生态经济学界研究的热点。1981 年,Ehrlich 进一步明确了"生态系统服务"的概念。1986 年,Odum 为各种类型的生态系统的能值分析建立了基本的理论方法框架。20 世纪 90 年代,生态系统服务功能研究发展迅速,逐渐成为生态学和生态经济学领域研究的新热点。Tobias 对热带雨林的生态旅游价值进行了研究。1992 年,据 Wilson 的估计,仅热带雨林的破坏,一年就造成 27 000 多种生物的灭绝。Gordon lrene 论述了自然对人类的一些服务。1993 年,Schulze 等将生物多样性与生态系统服务功能联系起来。1995 年,Adger 等对墨西哥森林的综合生态系统服务价值进行了评估研究。1996 年,Jakbosson 采用条件价值评估方法对澳大利亚维多利亚州所有濒危物种进行价值评估。1997 年,Pimentel 对世界生物多样性与美国生物多样性的经济价值开展了比较研究。美国学者 Daily 指出,生态系统不仅创造和维持了地球生命支持系统,而且还形成了人类生存所必需的环境条件。1998 年,Pearce 讨论了生物资源经济价值评估的意义和方法。1999 年,Patrik 研究了与海岸附近捕鱼业和水产业紧密相关的红树林生态系统的生态和生物物理特征。自从 Costanza 等人在 *Nature* 上发表了他们的研究结果以来,全球掀起了生态系统服务功能研究的热潮。

(2)国内研究进展

我国对生态系统服务功能的研究起步较晚,是近几年才发展的。虽然起步较晚,但发展迅速。张嘉宾等人利用影子工程法和替代工程法估算云南怒江、福贡等县的森林固持土壤功能的价值。著名生态学家马世骏首先把生态环境和经济联系到一起,这标志着中国生态学家开始涉足经济学领域。侯学煜研究表明,合理的营造人工林,让其发挥生态服务功能是改善生态环境的主要途径。

20 世纪 90 年代,有关生态系统服务功能及其价值等方面的研究在我国取得了较大进展。1991 年李金昌的《资源核算论》和侯元兆的《中国森林资源核算研究》系统地阐述了自然资源价值核算的方法和理论。闻大中指出发展各种系统的能值分析应是今后农业生态系统和其他生态系统能量分析工作努力的一个重要方向。郑允文等早在 1994 年就探讨过我国自然保护区生态评价指标和评价标准。孔繁文等对我国沿海防护林体系、吉林三湖自然保护区水源涵养的生态效益进行了核算研究。1995 年,侯元兆等第一次比较全面地对中国森林资源价值进行了评估。方精云研究了我国草地的总碳储量与我国陆地生态系统的占比。阮宏华研究了江苏南部丘陵地区国外松生物量的碳素同化净增量。刘明国对辽西地区草地的研究表明,草本植物使土壤含水率提高。1999 年,欧阳志云等在前人研究的基础上系统阐述并分析了生态系统服务功能的内涵、功能价值评价方法以及与可持续发展的相关性。

此后,国内对生态系统服务功能及其价值等方面的研究逐渐成为热点。

关于酒类生态功能保护区的研究,目前仅有对茅台酒的研究报道。为了摸清茅台酒生态功能保护区的种子植物种类及区系特征,张仁波等人采取实地考察、标本采集、分类鉴定等方法对该地区的种子植物进行了调查。窦全丽等人采用野外调查、标本采集和文献查阅统计分析法,对茅台酒生态功能保护区野生种子植物资源进行了调查研究和分类总结。余向华等人对茅台酒生态功能保护区菊科植物属的组成、分布区类型、区系特征等进行了统计和分析研究。余春波等人对茅台酒生态功能保护区蔷薇科植物的属、种组成,分布区类型、区系特征等进行了统计和分析。蔡雪等通过对采自茅台酒生态功能保护区的70号蕨类植物标本进行鉴定,并进一步对其区系地理组成进行了分析。何林等通过对采自茅台酒生态功能保护区红岩沟、赤水河岸、堰塘河沟、盐津河入口、雷打石等区域的苔类植物标本35号进行鉴定,并说明茅台酒生态保护区苔类植物总体上属于温带性质。张艳等在茅台酒生态功能保护区发现了6个被子植物新记录种,这对丰富贵州省植物区系多样性及进一步深入研究贵州种子植物均具有重要意义。娄利娇等人在详细调查和大量标本采集鉴定的基础上,对茅台酒生态功能保护区内莎草科植物属种的组成分布区类型、区系特征等进行了统计和分析研究。邓坦等对茅台酒生态功能保护区藻类组成及物种多样性进行研究。徐娅等对茅台酒生态功能保护区禾本科植物区系特征进行了较全面的分析。刘军等在茅台酒生态功能保护区发现并经过文献资料查阅验证班籽属在贵州属于新分布。王宁宁、况顺达提到茅台镇的生态环境是醇香四海的国酒茅台不可分割的载体,赤水河的优良水质,茅台镇独有的地理气候、空气、水质、土壤、植被、微生物群落所构成的生态系统,是大自然留给人类唯一能够酿成国酒的宝贵资源和物质财富。陈兴唏、季克良对茅台酒的独特性进行了概述,指出茅台酒主要受独特的地质环境和独特的酿造工艺两大因素控制。

整体而言,国内外对生态系统服务功能的研究,经历了由单一方面的生态系统服务功能到多方面生态系统服务功能,再到现在的生态系统综合服务功能研究;经历了由发现生态系统服务功能到认识生态系统服务功能,再到现在的保育生态系统的服务功能;经历了由定性描述生态系统服务功能到定量估算生态系统为人类提供的生态系统服务;经历了由生态系统服务物质量评价到生态系统服务价值量评价的研究过程。基于植物在生态系统中的基础和特殊地位,生态系统中植物多样性的研究正越来越受到人们的高度重视。

2. 植物多样性研究的进展

生物多样性(biodiversity)是指在一定空间范围内活的有机体的种类、变异及其生态系统的复杂程度,它通常分为遗传的多样性、物种的多样性、景观的多样性与生态系统的多样性四个不同的层次。生物多样性是生态环境的重要组成部分,是社会、经济可持续发展的重要物质资源和战略资源,是生物及其与环境形成的生态复合体以及与此相关的各种生态过程的总和。生物多样性是人类赖以生存的物质基础,是社会经济稳定的根本保障,对于全球生态平衡维持和人类的可持续发展都具有重大意义。

植物在自然界中是第一生产者,是一切生物赖以生存的物质基础,为一切真核生物提供生命活动必需的氧气和生存环境,维持自然界中的物质循环和平衡,其他生物直接或间接地依赖于植物生存。植物是多种多样的,它们的形态、结构、生活习性以及对环境的适应性各有不同。作为生物多样性的重要组成部分,植物多样性(plant diversity)是指以植物为主体,由植物、植物与环境之间所形成的复合体及与此相关的生态过程的总和。它是生物多样性的重要组成部分,它也可分为遗传多样性、物种多样性、生态系统多样性和景观多样性四个层次。

植物多样性研究是生物多样性研究的一个分支,是生物多样性研究的基础,也是生物多样性研究的核心。植物多样性研究则是由植物在整个地球所占据的重要地位所决定的。自20世纪80年代初以来,植物多样性研究取得了较大的进展,在多样性的测度、发生和维持机制,影响多样性变化的因子和多样性对群落功能的影响等方面取得了一系列的丰硕成果。森林斑块化对植物多样性的影响在国外越来越受到重视。在面临持续的人为干扰的情况下,植物多样性是如何维持的已成为国外生物学家关注的焦点。我国从20世纪50年代起就组织了多地区、大规模的生物资源、区系、植被的综合考察,陆续出版了全国性和地区性的各种经济生物志、植被专著、植物志和孢子植物志,在植物多样性编目方面打下了较好的基础。

但是我国对植物多样性的整体研究相对迟缓,20世纪80年代,我国开始对植物群落物种多样性研究有较多的报道,主要集中在物种多样性的现状和物种多样性的形成、演化及维持机制等方面。20世纪90年代对植物多样性的研究较多表现在植物物种多样性统计、植物区系特征、资源植物、群落特征和保护植物等方面。20世纪中后期,陈昌笃等归纳和分析了中国各自然区域和主要生物类群的生物多样性特征。贺金生等人研究了中国亚热带常绿阔叶林主要类型的群落物种多样性特征。陈灵芝等总结了中国森林群落多样性及其分布特点。刘灿然、马克平等对北京东灵山区植物群落多样性进行了深入而系统的研究,大大推动了中国植物多样性研究的进程。2001年,金则新等采用物种多样性指数对森林群落物种多样性进行测度。2002年,成克武采用植物群落学分析方法和生物多样性指数等分析方法,从物种多样性层次、景观多样性层次和生态系统多样性层次,对北京喇叭沟门林区的植物多样性进行了全面的研究。高贤明、马克平等对北京东灵山区亚高山草甸物种多样性变化进行了研究。此后,大批学者开始专注于植物多样性的研究,研究对象涉及森林公园、林区植被、保护区植被、风景名胜区植被、城市植被等诸多生境。

随着生物多样性的进一步发展,国际生物多样性计划是世界上最有影响的国际项目,它是全球环境变化研究四大计划之一,也是该领域最大的国际科学计划。计划于2002年底发表了新的科学计划,我国也分别于2004年至2006年连续3年召开了3届全国生物多样性保护与持续利用研讨会,讨论了生物多样性发展的现状及其进展。2010年国家环境保护部会同20多个部门和单位编制了《中国生物多样性保护战略与行动计划》,提出了我国未来20年生物多样性保护总体目标、战略任务和优先行动。目前我国对植物多样性研究的焦点集中在植物多样性的时空格局研究以及在面临持续的人为干扰的情况下,植物多样性是如何保持的。植物群落多样性研究多集中在区域性植物多样性本底调查,森林斑块化对植物多样性的影响,植物群落的物种组成和群落结构特征,植物的迁地、就地保护以及调查方法的改革与创新以及植物濒危机制的研究等方面。而对人工或半人工生态系统的研究还比较少,尤其是对酒类保护区的植物多样性研究甚少。

二、调查背景和意义

湘西土家族苗族自治州地处湖南省西北部、云贵高原东侧的武陵山区,位于东经109°10′~110°22.5′、北纬27°44.5′~29°38′,是湖南省进入国家"西部大开发"的唯一地区。湘西堪称野生动植物资源天然宝库和生物科研基因库,共有维管束植物209科、897属、2 206种,属亚热带湿润季风气候,空气温润、气候温和、四季分明、热量充足、雨水集中、降雨充沛,是理想的酿酒王国。

吉首市是湘西土家族苗族自治州首府,位于武陵山脉东麓,湘、鄂、渝、黔四省市边区中心,枝柳铁路纵贯南北,209、319国道相互交汇。自古商贾云集,贸易兴盛,被誉为武陵山区的一颗明珠。酒鬼酒股份有限公司地处湘西土家族苗族自治州吉首市,位于吉首市振武营酒鬼工业园区,傍依枝柳铁路和1828省道,为风景名胜区张家界、猛洞河、王村古镇至德夯苗寨、凤凰古城的必经之地。这里群山环抱,风景如画,酒鬼酒生态工业园已被国家旅游局列为全国首批工业旅游示范点。湖南湘西酒鬼酒股份有限公司作为湘西自治州唯一的上市公司和最大的骨干财源企业,多年来为湘西自治州的经济、社会发展做出了巨大贡献。湘西自古出好酒,早在司马迁的《史记》中就有记载。屈原在《九歌》等作品中赞赏湖南西部风情时,留下了"蕙肴蒸兮兰藉,奠桂酒兮椒浆"的名句。在国内外享有盛誉的名酒酒鬼酒、武陵大曲、老爹、锦江泉等均出自神秘的大湘西,而国家级名酒五粮液和郎酒出自四川宜宾泸州,茅台、董酒均出自贵州的遵义等地。这些地域与湘西处于同一个纬度带,气候、地貌条件极为相似,这一区域很可能是地球上的一个酿酒带,是上天赐给湘西的一个巨大自然资源和无形资产。

为了保护酒鬼酒生态园内酿酒水源质量及园区微生物环境,在吉首市及上级政府部门的支持下,酒鬼酒股份有限公司成立了东起上佬水库西侧、西至马鞍山西侧、南起王儿田与虎彪山南侧、北至矮佬与七斤垴,总面积10.19 km²的酒鬼酒地理生态环境保护区。保护区内青山脚下的龙、凤、兽三眼泉为酒鬼酒的酿造水源,生产核心功能区及其周边的空气、水、土地及微生物资源等都为酒鬼酒工业生态功能持续稳定发挥提供有效保障。好山水酿好酒,独特的环境与独特的工艺共同成就了酒鬼酒独特的香型——馥郁香型。酒鬼酒地理生态环境保护区的生态环境是酒鬼酒独特品质不可分割的载体,要保证酒鬼酒的可持续生产,需要对酒鬼酒地理生态环境保护区自然资源基本情况进行深入了解。

有鉴于此,在吉首大学与酒鬼酒股份有限公司建立战略合作伙伴关系之后,笔者所在团队组织开展相关研究工作。项目拟根据酒鬼酒地理生态环境保护区的基本特征,运用生态学的方法,研究酒鬼酒地理生态环境保护区环境因子(气候、水源、土壤、植被等),特别是土壤、水中的微量元素等的分布规律。在对保护区进行生态环境调查分析的基础上,进一步对其生态系统本身的质量进行分析与评价,确定其生态保护地位。针对保护区面临的威胁,探索建立酒鬼酒地理生态环境保护区生态补偿机制,增强保护区绿色可持续发展能力,形成生态良性循环与自我发展机制。因此,项目研究对实现酒鬼酒地理生态环境保护区可持续发展具有十分重要的意义。酒鬼酒地理生态环境保护区地理位置见图4.1。

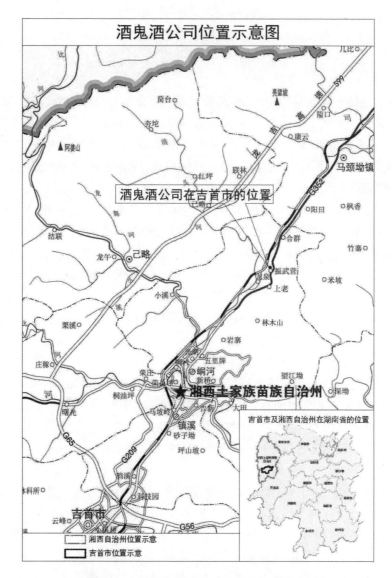

图 4.1 酒鬼酒地理生态环境保护区地理位置

三、主要调查研究内容

1. 保护区小气候特征调查研究

从保护区内的地理位置、地形地貌、气候气象等多测点方面因素进行观测点选址。分不同季节测定保护区内的光照、温度、湿度、风力等生态因子,探索保护区内小气候特征及其变化规律。

2. 保护区土壤和水环境特征研究

主要对区域内的水质、土壤中微量元素特别是硒含量进行调查分析,根据保护区内的生态因子、土壤以及水中的元素分布规律,科学定量地评价酒鬼酒地理生态环境保护区生态系统环境质量。

① 鉴定保护区内主要土壤的类别,定量测定土壤中微量元素特别是硒的含量。

② 测定保护区内地表水和地下水中的微量元素特别是硒的含量。

③ 根据保护区内土壤、地表水和地下水中各微量元素的检测结果,对保护区内土壤和水质进行综合评价。

3. 保护区植物多样性调查研究

通过实地调查,对保护区内植被和植物资源、植物区系多样性特征、植物群落特征进行综合分析。

① 通过实地调查,对保护区内植被和植物资源类型进行统计分析。

② 系统考察保护区内植物区系的科、属、种组成,生物生态习性,地理分布类型,探索植物区系特征。

③ 以样地法系统调查保护区内自然植物成层现象、斑块组成,探索保护区内植物群落的结构特征及季节性变化规律。

4. 保护区生态功能重要性评价

在对整个保护区生态环境因子调查和分析的基础上,根据我国生态环境建设的有关政策法规,探索建立酒鬼酒地理生态环境保护区生态补偿机制,为争取当地政府财政转移支付或生态基金等政府补偿机制提供科学依据和积累科学合理的数据,增强保护区的可持续发展能力,形成生态良性循环与自我发展的机制。

四、研究路线图

研究路线见图4.2。

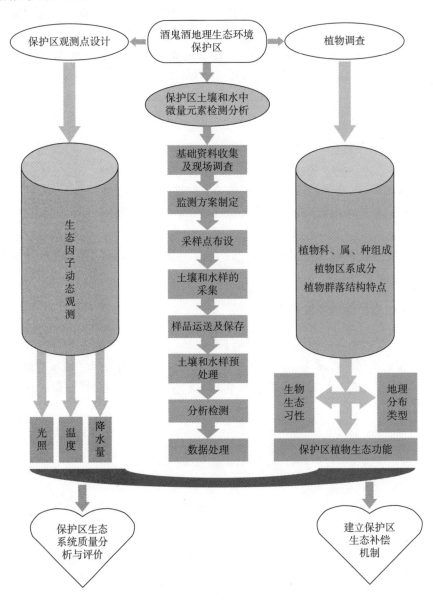

图4.2 研究路线图

五、本项目的创新性

（1）从小气候、土壤、地表水、植物、植被群落等多角度对酒鬼酒地理生态环境保护区的环境特征与植物多样性进行了较为深入和全面的研究,这为保证酒鬼酒股份有限公司的产品质量提供了相关支持。

（2）对酒鬼酒地理生态环境保护区进行了较为系统的研究,创造性地提出了建立酒鬼酒地理生态环境保护区的相关建议,为进一步探讨相关生态补偿机制奠定了科学基础。

（3）对酒鬼酒地理生态环境保护区的生态功能重要性进行了比较系统的评价,这在国内酒类企业同行中尚属首次,在众多其他自然保护区或生态保护区的研究中也并不多见。

小气候通常是指在一般的大气候背景下,由于下垫面的不均匀性以及人类和生物活动所产生的近地层中的小范围气候特点,主要发生在近地大气层和近地土壤层中,而该层又正是人类生产和社会活动以及动植物活动、生存的主要场所,因此小气候与人类的生产和生活活动有着紧密的联系。根据下垫面性质和生物活动特征,小气候通常可区分为森林小气候、水域小气候、农业小气候、坡地小气候、草地小气候等等,酒鬼酒地理生态环境保护区属农业小气候。为揭示酒鬼酒地理生态环境保护区小气候特点,本章通过建立保护区内相关生态因子观测点,采用野外小气象观测仪器分不同季节测定了酒鬼酒地理生态环境保护区范围内主要的光照、温度、降雨量、风速等气候气象因子及其变化规律。

一、观测方法

1. 仪器设备

本研究采用的仪器设备为 TNHY－10 型农业小环境检测仪(浙江托普仪器有限公司)。农业小环境检测系统是一个功能强大的环境数据采集处理系统,它包含了温度、湿度、露点、光照强度、光量子、CO_2 浓度、风速、风向、雨量、土壤温度、大气压强、土壤 pH 值、EC 电导率等环境数据的采集与处理功能,广泛应用于农田、林场、养殖场等农林生产、科研项目。根据观测需要,选取包括光照、温度、湿度、风向、风速和降雨量共 6 项环境参数。

2. 观测布点

① 安装位置空气环境通风应良好。根据酒鬼酒地理生态环境保护区的范围和小气候的特征,仪器安装地点选择在保护区的中心区域(核心区域,因为中心区域最具有代表性)。

② 根据研究工作的内容(水样为三眼泉的泉水,土样为三眼泉附近的土壤,植物样方为三眼泉的附近样地群落),仪器安装地点选择在保护区的三眼泉周边。

③ 考虑到小气候特征容易受外界因素的影响,仪器安装地点选择在人为活动相对较少、离公路较远的位置。

④ 考虑到便于收集数据,仪器安装地点选择在生态功能保护区内离电源线路较近、路面干燥的位置。

3. 数据收集及处理

详细记录 TNHY‐10 型农业小环境检测仪测定酒鬼酒地理生态环境保护区全年 12 个月全天 24 h 的光照、温度、湿度、风向、风速和降雨量等各项指标数据,每月随机观测 10 天并记录 10 次数据,表中各月份所列数据均为该月 10 次数据的平均值。

二、观测结果

1. 光照

光照是生物生长发育的必需条件之一,自然界一昼夜 24 h 为一光照周期。有光照的时间为明期,无光照的时间为暗期。自然光照时一般以日照时间计光照时间,在 24 h 内只有一个明期和一个暗期的称为单期光照,而一个光照周期内明期的总和称为光照时间。

酒鬼酒地理生态环境保护区 2013 年每月全天(24 h)光照测定结果见表 5.1。从观测结果可以看出,保护区各月全天有光照时间为 05:00 至 19:00,无光照时间为 20:00 至 04:00。全年 1~12 月份 00:00 至 23:00 最强光照分别为 98 66、5 370、64 304、15 864、24 125、113 984、103 264、18 437、70 432、11 351、11 579 和 8 647 lx,最低光照均为 0 lx。全年 7 月份 00:00 至 23:00 平均光照值最高,2 月份 00:00 至 23:00 平均光照值最低。

表 5.1 酒鬼酒地理生态环境保护区光照观测结果

时间	照度(lx)											
	1 月	2 月	3 月	4 月	5 月	6 月	7 月	8 月	9 月	10 月	11 月	12 月
00:00	0	0	0	0	0	0	0	0	0	0	0	0
01:00	0	0	0	0	0	0	0	0	0	0	0	0
02:00	0	0	0	0	0	0	0	0	0	0	0	0
03:00	0	0	0	0	0	0	0	0	0	0	0	0
04:00	0	0	0	0	0	0	0	0	0	0	0	0
05:00	26	30	1	1	9	0	2	13	3	0	0	72
06:00	93	339	332	95	16	383	60	77	15	76	81	167
07:00	238	1 322	3 380	1 286	716	3 395	5 450	959	2 418	1 066	566	621
08:00	3 420	1 232	4 068	962	1 763	18 247	10 616	6 236	6 146	1 477	1 514	4 006
09:00	7 828	3 794	9 121	4 199	18 554	47 168	17 663	13 388	12 451	3 367	2 583	6 511
10:00	8 841	2 052	48 720	7 110	4 358	72 480	71 200	10 841	29 759	6 718	5 263	6 903
11:00	9 866	5 370	64 304	8 967	2 064	93 600	88 960	16 318	59 696	6 414	6 464	7 028
12:00	9 824	5 189	50 128	11 572	6 458	110 176	103 264	11 368	58 720	11 351	11 108	8 635

时间	照度(lx)											
	1月	2月	3月	4月	5月	6月	7月	8月	9月	10月	11月	12月
13:00	6 847	2 260	55 728	15 864	10 278	113 984	62 400	15 892	70 432	10 774	999	8 647
14:00	6 037	4 451	62 944	11 693	24 125	100 304	94 032	9 090	48 560	9 706	11 579	7 921
15:00	4 390	3 450	40 976	5 769	16 880	81 248	79 728	18 437	46 560	7 247	8 185	7 898
16:00	2 807	1 190	12 216	12 899	5 871	55 808	42 976	16 048	50 784	4 605	4 770	5 432
17:00	1 311	446	2 151	4 847	4 568	31 810	6 587	17 859	17 795	1 126	2 230	2 109
18:00	476	64	263	1 290	2 476	10 062	10 427	3 879	8 800	59	490	907
19:00	0	0	0	363	630	254	461	139	619	0	0	0
20:00	0	0	0	0	0	0	0	0	0	0	0	0
21:00	0	0	0	0	0	0	0	0	0	0	0	0
22:00	0	0	0	0	0	0	0	0	0	0	0	0
23:00	0	0	0	0	0	0	0	0	0	0	0	0

2. 温度

温度是根据某个可观察现象,按照几种任意标度之一所测得的冷热程度。对于真空而言,温度就表现为环境温度。大气层中气体的温度是气温,是气象学常用名词。中国以摄氏温标表示。气象部门所说的地面气温,就是指高地面约 1.5 m 处百叶箱中的温度。酒鬼酒地理生态环境保护区全年每月全天(24 h)温度测定结果见表 5.2。

表 5.2　酒鬼酒地理生态环境保护区温度观测结果

时间	温度(℃)											
	1月	2月	3月	4月	5月	6月	7月	8月	9月	10月	11月	12月
00:00	6.6	4.3	15.4	8.6	12.0	15.7	21.0	21.2	18.1	12.3	9.8	5.9
01:00	6.7	4.4	15.4	8.8	12.2	15.8	20.8	21.3	18.2	12.3	9.9	5.9
02:00	6.8	4.5	15.4	8.2	11.1	15.8	21.5	22.9	18.1	11.4	9.9	5.8
03:00	6.8	4.5	15.4	7.9	10.8	15.7	21.6	22.8	17.8	10.4	9.7	5.7
04:00	6.9	4.4	15.4	8.0	10.2	15.7	21.7	22.8	17.4	11.8	9.5	5.6
05:00	6.9	4.4	15.3	7.6	13.8	15.7	21.8	22.9	17.4	11.9	9.6	5.6
06:00	6.9	4.4	15.2	7.7	16.6	15.7	21.6	22.9	17.5	12.0	9.7	5.6
07:00	7.1	4.6	15.2	7.6	17.4	15.7	21.8	22.7	18.1	13.6	9.8	5.5
08:00	7.3	4.6	15.2	9.6	18.9	16.1	24.5	22.7	20.1	15.8	10.1	5.7
09:00	7.5	4.8	15.5	18.8	18.5	16.5	25.2	24.1	22.1	16.4	10.1	5.9

续表

| 时间 | 温度（℃） | | | | | | | | | | | |
---	1月	2月	3月	4月	5月	6月	7月	8月	9月	10月	11月	12月
10:00	7.7	4.7	15.5	19.8	19.1	18.0	30.9	26.8	27.9	16.8	10.2	6.1
11:00	7.7	4.8	15.9	23.3	21.1	20.2	35.5	28.3	29.6	17.8	10.3	6.6
12:00	7.7	4.8	16.3	27.0	23.4	21.4	36.0	32.9	31.6	20.1	10.8	6.5
13:00	7.7	4.9	16.4	28.7	25.6	24.8	35.0	39.2	31.9	21.2	11.3	7.0
14:00	7.3	4.9	16.7	28.9	27.0	21.3	36.8	39.7	33.0	23.0	12.7	7.6
15:00	7.2	4.8	16.6	30.7	27.7	22.7	38.0	37.4	33.6	23.8	11.6	7.5
16:00	6.9	4.6	17.4	31.3	27.4	24.5	36.8	33.1	33.2	25.2	11.3	7.4
17:00	6.8	4.5	17.4	29.5	26.0	23.0	25.6	30.7	33.4	25.9	11.2	7.0
18:00	6.9	4.5	15.9	28.0	25.0	22.5	25.4	28.2	31.9	23.3	10.9	6.7
19:00	6.9	4.6	15.0	21.3	21.6	19.5	24.3	26.6	26.6	18.1	10.9	6.6
20:00	6.9	4.6	14.3	17.5	18.6	17.3	23.8	25.3	22.6	15.8	10.4	6.7
21:00	7.0	4.5	14.1	16.0	16.4	16.0	22.9	25.1	21.5	15.1	10.1	6.8
22:00	6.9	4.4	14.0	14.6	13.0	15.8	22.6	24.7	20.9	14.6	9.9	6.8
23:00	6.8	4.4	13.8	13.6	12.5	15.3	22.3	23.4	20.3	13.8	9.8	6.7

从观测结果可以看出，保护区全年1月份最高温度是在10:00~13:00，为7.7℃，最低温度是在凌晨00:00，为6.6℃。2月份最高温度为4.9℃，最低温度为4.3℃。3月份最高温度为17.4℃，最低温度为13.8℃。4月份最高温度为31.3℃，最低温度为7.6℃。5月份最高温度为27.7℃，最低温度为10.2℃。6月份最高温度为24.8℃，最低温度为15.3℃。7月份最高温度为38.0℃，最低温度为20.8℃。8月份最高温度为39.7℃，最低温度为21.2℃。9月份最高温度为33.6℃，最低温度为17.4℃。10月份最高温度为25.9℃，最低温度为10.4℃。11月份最高温度为12.7℃，最低温度为9.5℃。12月份最高温度为7.6℃，最低温度为5.5℃。

3. 湿度

湿度是表示大气干燥程度的物理量。空气湿度可以理解为空气潮湿的程度，可用相对湿度（RH）、绝对湿度（AH）和比较湿度（CH）等来表示。

酒鬼酒地理生态环境保护区全年每月全天（24 h）湿度测定结果见表5.3。从观测结果可以看出，保护区1月份最高湿度值为92.9％，最低湿度值为85.6％。2月份最高湿度值为94.2％，最低值为39.8％。3月份最高湿度值为93.8％，最低值为92.3％。4月份最高湿度值为91.5％，最低值为85.3％。5月份最高湿度值为91.1％，最低值为81.0％。6月份最高湿度值为60.3％，最低值为19.1％。7月份最高湿度值为90.1％，最低值为59.7％。8月份最高湿度值为91.4％，最低值为83.0％。9月份最高湿度值为91.5％，最低值为57.8％。

10 月份最高湿度值为 89.6%，最低值为 46.6%。11 月份最高湿度值为 89.7%，最低值为 31.2%。12 月份最高湿度值为 91.6%，最低值为 42.4%。

表 5.3　酒鬼酒地理生态环境保护区湿度观测结果

时间	相对湿度（%）											
	1 月	2 月	3 月	4 月	5 月	6 月	7 月	8 月	9 月	10 月	11 月	12 月
00:00	91.1	93.7	93.0	91.2	88.8	36.0	89.6	87.7	91.0	87.9	76.6	91.3
01:00	91.3	93.9	93.1	91.3	88.8	36.2	89.6	87.8	91.1	87.8	76.7	91.4
02:00	91.8	94.0	93.2	91.1	89.2	37.3	89.7	87.6	91.3	88.4	80.9	91.5
03:00	92.0	94.0	93.3	91.2	89.4	38.0	89.9	89.0	91.2	88.5	80.4	91.6
04:00	92.2	94.0	93.4	91.5	89.9	39.8	89.9	88.3	91.5	88.9	84.5	91.6
05:00	92.1	94.1	93.5	91.4	90.3	36.5	89.9	91.1	91.5	88.8	87.6	91.5
06:00	92.2	94.0	93.6	91.3	90.4	33.0	90.0	91.2	91.5	89.6	89.6	91.2
07:00	92.2	94.1	93.7	91.2	90.9	33.2	90.1	91.3	91.3	89.0	89.7	83.0
08:00	91.5	94.2	93.7	91.4	91.1	37.8	90.1	91.4	86.4	81.9	87.2	76.5
09:00	91.0	93.6	93.7	91.5	91.0	36.9	88.2	91.3	83.4	66.1	59.7	62.8
10:00	89.5	91.3	93.7	91.1	90.6	33.5	83.4	90.7	78.8	56.2	44.2	61.6
11:00	88.7	79.3	93.2	90.5	89.2	27.4	76.2	90.1	79.9	50.1	32.9	57.7
12:00	89.9	68.2	93.2	90.2	86.0	21.1	73.5	86.2	73.9	46.6	33.5	47.7
13:00	88.5	52.9	92.3	89.8	81.0	19.1	59.7	84.5	73.9	47.3	31.2	44.5
14:00	85.6	46.1	92.3	87.8	83.4	20.0	72.4	85.5	65.0	53.1	35.9	43.6
15:00	87.2	45.7	92.5	88.1	87.3	20.4	65.9	83.0	57.8	53.4	47.9	42.4
16:00	88.7	39.8	92.5	85.3	88.8	20.8	61.0	85.1	60.1	51.2	48.8	45.0
17:00	90.8	46.7	92.9	85.7	88.8	22.4	66.7	86.0	66.8	55.8	56.4	57.5
18:00	91.8	65.0	93.4	87.7	89.0	26.1	67.3	87.6	80.2	69.0	64.2	72.5
19:00	92.2	72.9	93.5	88.7	90.3	39.5	80.1	89.1	83.3	74.8	68.2	79.9
20:00	92.4	80.1	93.6	89.7	90.5	47.7	87.4	90.3	87.0	83.7	72.1	85.8
21:00	92.6	85.1	93.8	90.2	90.9	57.0	88.4	90.8	88.3	84.8	74.1	88.1
22:00	92.7	87.1	93.7	90.5	90.9	58.5	89.3	90.7	88.8	84.8	73.7	88.9
23:00	92.9	89.0	93.8	90.6	91.1	60.3	89.0	91.2	89.7	84.5	73.1	89.0

4. 降雨量

降雨量是指从天空降落到地面上的水未经流失、渗透和蒸发，在水平面上积聚的深度。降雨量的单位常以 mm 表示，在气象观测中取一位小数。酒鬼酒地理生态环境保护区全年各月全天（24 h）降雨量测定结果见表 5.4。

表5.4　酒鬼酒地理生态环境保护区降雨量观测结果

时间	降雨量(mm)										
	1月	2月	3月	4月	5月	6月	7月	8月	9月	10月	11月
00:00	0.0	0.1	0.0	3.0	0.1	1.4	0.0	0.0	0.0	0.0	0.0
01:00	0.0	0.1	3.6	7.0	0.3	2.6	0.0	0.0	0.1	0.0	0.0
02:00	0.2	0.0	0.8	3.9	0.3	1.6	0.0	0.0	0.1	0.0	0.1
03:00	0.1	0.1	0.7	7.3	0.3	0.3	0.0	0.0	0.2	0.0	0.0
04:00	0.1	0.1	0.7	6.3	0.3	0.3	0.0	0.0	32.3	0.0	0.0
05:00	0.0	0.2	0.6	0.9	0.2	13.0	0.0	0.0	0.7	0.0	0.0
06:00	0.0	0.1	0.4	0.6	0.2	1.9	0.0	0.0	0.2	2.3	0.1
07:00	0.0	0.0	0.0	0.0	0.4	0.8	0.0	0.0	0.1	1.3	1.8
08:00	0.2	0.0	0.0	1.0	0.3	6.4	0.0	0.0	8.3	0.0	1.2
09:00	0.1	0.0	0.0	0.2	0.5	0.0	0.0	0.0	0.8	1.6	0.6
10:00	0.2	0.0	0.1	0.1	0.5	0.9	0.0	0.0	0.0	37.1	0.4
11:00	0.2	0.0	0.0	0.0	2.1	7.5	0.0	0.0	0.0	3.6	0.0
12:00	0.1	0.1	0.0	0.0	0.2	4.4	0.0	0.0	0.0	0.5	0.0
13:00	0.0	0.0	0.0	0.1	1.2	0.7	0.0	0.0	2.5	0.0	0.0
14:00	0.0	0.0	0.0	0.0	2.1	0.0	0.0	0.0	0.0	0.0	0.0
15:00	0.0	0.0	0.0	0.0	0.7	0.0	0.0	0.0	0.0	0.0	0.0
16:00	0.1	0.0	0.0	0.0	0.3	0.0	0.0	1.9	0.0	1.0	0.0
17:00	0.1	0.1	0.0	0.1	2.0	0.0	33.4	0.3	0.0	6.7	0.0
18:00	0.2	0.1	0.0	0.0	1.3	0.1	7.6	0.0	0.0	0.1	0.0
19:00	0.2	0.1	0.0	0.0	0.3	0.0	2.2	0.0	0.0	0.3	0.0
20:00	0.1	0.2	0.0	0.0	0.1	0.0	1.5	0.0	0.0	0.0	0.0
21:00	0.1	0.1	0.0	0.0	0.0	0.0	0.4	0.0	0.0	0.0	0.0
22:00	0.0	0.1	0.0	0.0	2.3	0.0	2.6	0.0	0.0	0.1	0.0
23:00	0.0	0.1	0.0	0.0	1.3	0.0	5.4	0.0	0.0	0.0	0.0

5. 风向

气象上把风吹来的方向确定为风的方向,风向的测定单位常用方位来表示。人们可以利用风向在农业、交通、生产和生活等各个领域发挥重要的积极作用。酒鬼酒地理生态环境保护区2013年每月月初全天(24 h)风向测定结果如表5.5所示。

表 5.5　酒鬼酒地理生态环境保护区风向观测结果

时间	风向(°)											
	1月	2月	3月	4月	5月	6月	7月	8月	9月	10月	11月	12月
00:00	250	323	300	191	282	304	101	266	301	152	136	260
01:00	251	326	306	193	283	307	100	269	304	153	135	259
02:00	255	359	287	20	268	264	280	275	213	207	99	231
03:00	204	156	284	267	273	272	174	266	218	201	308	231
04:00	358	359	304	284	277	260	83	356	220	79	141	149
05:00	269	359	265	207	352	323	130	355	311	337	173	272
06:00	288	280	264	111	318	323	88	245	4	312	105	332
07:00	180	301	70	21	317	233	162	226	44	257	115	292
08:00	47	274	282	232	90	28	129	149	22	151	32	285
09:00	26	86	256	227	359	56	39	118	11	22	43	300
10:00	106	56	276	287	24	90	91	76	61	80	40	288
11:00	85	198	343	294	24	84	23	234	73	92	15	296
12:00	107	103	301	266	330	22	152	207	113	71	332	272
13:00	97	290	50	306	92	100	24	112	202	145	60	269
14:00	229	108	113	309	341	260	356	216	308	283	66	254
15:00	87	268	106	325	299	294	359	203	73	359	118	272
16:00	181	281	39	327	321	18	74	252	83	235	47	286
17:00	344	293	76	318	241	90	347	186	55	249	291	290
18:00	263	286	57	260	290	284	218	177	282	318	70	292
19:00	261	291	16	272	228	256	202	252	209	240	328	294
20:00	289	173	104	312	272	259	348	220	282	288	228	143
21:00	312	93	104	227	174	275	255	181	321	253	232	254
22:00	121	280	15	247	320	265	292	247	278	118	283	275
23:00	211	278	309	97	257	305	243	282	276	262	235	301

6. 风速

　　风速是指风的前进速度,通常以风力来表示风的大小。相邻两地间的气压差愈大,空气流动越快,风速越大,风的力量也就越大。酒鬼酒地理生态环境保护区全年各月全天(24 h)风速测定结果见表5.6。

表 5.6 酒鬼酒地理生态环境保护区风速观测结果

时间	风速（m/s）											
	1月	2月	3月	4月	5月	6月	7月	8月	9月	10月	11月	12月
00:00	0.6	0.0	0.0	0.8	0.0	0.0	0.6	0.0	0.0	0.5	0.0	0.0
01:00	0.9	0.0	0.0	0.0	0.7	0.0	2.0	0.0	0.8	0.0	0.0	0.0
02:00	0.0	0.0	0.0	1.0	0.0	0.0	0.0	0.0	0.0	0.0	0.0	0.0
03:00	0.5	0.0	0.0	1.6	0.0	0.0	0.5	0.0	0.7	1.4	0.0	0.0
04:00	0.0	0.0	0.0	0.0	0.0	0.0	0.8	0.0	0.2	1.3	0.0	0.0
05:00	0.5	0.0	0.0	0.0	0.7	0.0	0.7	0.0	1.1	0.5	0.0	0.0
06:00	0.0	0.0	0.0	0.7	0.0	0.0	0.0	0.7	0.7	1.1	0.0	0.0
07:00	0.0	0.0	0.9	0.0	0.0	0.0	0.0	0.0	0.0	0.0	0.0	0.0
08:00	0.0	0.0	0.0	0.7	1.1	0.0	0.1	0.7	0.7	0.0	0.0	0.0
09:00	0.7	1.0	0.0	0.0	0.2	1.2	1.2	0.0	0.5	1.4	0.0	0.0
10:00	0.0	0.0	0.0	0.0	0.0	1.1	0.6	0.0	0.8	0.9	1.2	0.0
11:00	1.5	0.0	1.0	0.0	0.9	1.9	1.8	0.0	0.7	0.8	1.4	0.4
12:00	3.1	0.0	0.0	0.0	1.0	0.9	1.5	0.5	0.8	0.0	2.4	0.0
13:00	1.4	0.0	0.0	0.3	0.5	1.8	2.0	0.0	0.3	0.4	2.5	0.0
14:00	0.0	0.0	0.0	0.0	1.1	0.3	0.0	0.8	0.0	1.1	1.4	0.0
15:00	0.7	0.0	0.0	0.0	1.8	1.5	0.0	0.6	0.0	0.7	2.9	0.0
16:00	0.5	0.0	0.0	0.5	0.0	1.2	0.8	0.4	0.0	0.5	1.4	1.8
17:00	0.0	0.0	0.0	0.0	1.4	3.3	0.0	0.0	0.0	0.1	0.0	0.8
18:00	0.9	0.0	0.0	0.0	0.0	0.7	0.0	0.0	0.0	0.0	0.7	0.0
19:00	0.8	0.0	0.0	0.0	0.0	0.0	0.1	0.0	0.0	0.0	0.0	0.8
20:00	0.0	0.0	0.0	2.3	1.5	0.0	0.0	0.0	0.0	0.0	1.0	0.9
21:00	0.0	1.2	0.0	0.0	0.0	0.0	0.0	0.0	0.0	0.0	1.5	0.0
22:00	2.4	0.0	0.0	0.4	1.1	0.0	0.0	0.0	0.0	0.0	0.7	0.0
23:00	0.1	0.0	0.0	0.0	0.8	0.0	0.0	0.0	0.0	0.0	0.0	0.0

从观测结果可以看出,保护区 1 月份最高风速为 3.1(单位为 m/s,下同),最低风速为 0。2 月份最高风速为 1.2,最低风速为 0。3 月份最高风速为 1.0,最低风速为 0。4 月份最高风速为 2.3,最低风速为 0。5 月份最高风速为 1.8,最低风速为 0。6 月份最高风速为 3.3,最低风速为 0。7 月份最高风速为 2.0,最低风速为 0。8 月份最高风速为 0.8,最低风速为 0。9 月份最高风速为 1.1,最低风速为 0。10 月份最高风速为 1.4,最低风速为 0。11 月份最高风速为 2.9,最低风速为 0。12 月份最高风速为 1.8,最低风速为 0。

三、结论与讨论

（1）酒鬼酒地理生态环境保护区位于湘西吉首市区北郊振武营,保护区东起上佬水库西侧,西至马鞍山西侧,南起王儿田与虎彪山南侧,北至矮佬与七斤垴,总面积 10.19 km²。保护区内气候属亚热带季风湿润性气候,四季分明。根据本研究观测,该区年均气温为16.6℃,6~8 月份气温最高,最高温可达 39.7℃,最低气温为 4.3℃。12 月至翌年 2 月份气温最低,2 月份最冷,冬季温差较小,霜期短,无霜期可达 288 天,少雨少雪。保护区 1~4 月份湿度较高,6~8 月份比较干旱,湿度较低。降雨量主要集中在 3~6 月份,7~9 月份降雨较少,全年日均降雨量在 10 月份最多,2 月份最少。最高风速 3.3 m/s,最低风速为 0 m/s,11月份平均风速为全年最高,3 月份为全年最低。保护区光照比较丰富,各月有光照时间为每天 05:00 至 19:00,无光照时间为 20:00 至 04:00,最低光照均为 0 lx。

（2）中国名酒茅台酒地处贵州省仁怀市,坐落在茅台镇,位于东经 106°22′,北纬27°51′,海拔高度 400 m 左右,面积 8 km²。茅台镇气候湿润,冬暖夏热,雨水少,加上四周崇山峻岭环绕,独特的地形使得茅台酒生产区空气流动相对稳定。炎热季节达半年多,夏季最高温度达 40℃多,昼夜温差小,年均气温 17.4℃,年均无霜期达 326 d,日照丰富,年日照达1 400 h,年降雨量为 800~1 000 mm,这为茅台酒的酿造提供了相对稳定的、特殊的气候环境。

综上所述,茅台酒与酒鬼酒两者产地的气候条件基本相似,茅台酒股份有限公司所处的茅台镇地势低凹,四面环山,形成了一个相对封闭的自然生态圈,是大自然赐予人类的酿造名酒的宝贵资源和物质财富。酒鬼酒地理生态环境保护区呈三面环山（坡）状,形成了一个相对封闭的自然生态圈,喇叭山谷、浪头河畔、三眼泉边风景优美,形成了冬暖夏凉、空气湿润、风力小、降雨量适中的独特小气候,是理想的酿酒王国和酿酒黄金地理带。

第六章 保护区土壤环境特征

土壤是指陆地地表具有肥力并能生长植物的疏松表层,介于大气圈、岩石圈、水圈和生物圈之间,厚度一般在 2 m 左右。土壤是地球表层的岩石经过生物圈、大气圈和水圈长期的综合影响演变而形成的,它是人类环境的重要组成部分,其质量优劣直接影响人类的生产、生活和社会发展。酒鬼酒地理生态环境保护区内的土壤是酒鬼酒独特品质不可分割的载体,保护区内土壤环境质量的优劣必定会影响到酒鬼酒的可持续生产。为进一步了解酒鬼酒生产与土壤之间的关系,对该保护区中土壤元素含量进行检测分析和评价显得尤为重要,同时也可为充分了解保护区内土壤污染状况并为进一步采取相应的治理措施提供科学依据。

一、保护区土壤类型

我国现行的土壤分类系统是 1992 年定稿的《中国土壤分类系统》,此分类系统从上至下共设土纲、亚纲、土类、亚类、土属、土种和亚种七级分类单元。该分类系统共包括 14 个土纲、39 个亚纲、141 个土类和 595 个亚类。根据实地观察,酒鬼酒地理生态环境保护区土壤类型有黄壤、山地黄棕壤、石灰土、潮土和水稻土等。

(1)石灰土　本类土按其颜色不同,可分为红色石灰土、黄色石灰土和黑色石灰土等亚类,全剖面或剖面下部有石灰反应,呈中性到碱性。酒鬼酒地理生态环境保护区石灰土主要分布在村庄公路旁后山腰。

(2)水稻土　本类土为水耕熟化过程所形成,是主耕作土壤。在酒鬼酒地理生态环境保护区内分布在有水灌溉的农田、耕地中,即使在酒鬼酒股份有限公司旁边甚至山腰上都可见到水稻土。

(3)潮土　本类土由河湖沉积物发育而成,土壤呈中性至微碱性。酒鬼酒地理生态环境保护区内的潮土主要分布于区内两条主要溪河的两岸边、三眼泉流经下游,呈黄褐色。

(4)黄壤　本类型常分布在海拔 400 m 以上,也可以在海拔 400 m 以下部位找到,土壤呈酸性,pH 4.5～5.5。酒鬼酒地理生态环境保护区内黄壤较为普遍,分布在海拔 200 m 左右的山地,森林覆盖,植被较好。

(5)山地黄棕壤　本类型土壤是随地形垂直分布的地带性土壤,表土以下有黄棕色心土层,呈酸性反应,有机质含量高,表层有较厚的腐殖质层。酒鬼酒地理生态环境保护区内主要以山地黄棕壤为主,大量分布于海拔 246 m 左右的山地,植被以林为主,局部地区为高山矮林与草甸复合植被。

二、保护区土壤元素含量分析

1. 采样前的准备工作

采集酒鬼酒地理生态环境保护区土壤样品前先组织学习有关技术文件,详细了解土壤监测技术规范,收集有关酒鬼酒地理生态环境保护区土壤历史资料,收集酒鬼酒地理生态环境保护区监测区域的交通图、土壤图、土类等信息资料,于 2012 年 11 月对酒鬼酒地理生态环境保护区进行现场调查。采样器材主要包括样品袋、样品标签、塑料铲、采样记录表、铅笔、GPS、资料夹、工作服、照相机、药品箱和样品背包等等。

2. 土壤监测项目

土壤监测项目分为常规项目、特定项目和选测项目。土壤监测项目根据监测目的确定。本研究监测项目主要包括镉(Cd)、铬(Cr)、铜(Cu)、锰(Mn)、铅(Pb)、锌(Zn)、砷(As)、硒(Se)、铁(Fe)、硼(B)和 pH 值 11 个项目,常规土壤监测项目见表 6.1。

表 6.1　土壤监测项目

项目类别		监测项目
常规项目	常规项目	pH
	特定项目	Cd、Cr、Cu、Se、Pb、Zn、As
选测项目	选测项目	B、Mn、Fe

3. 采样点的布设

(1) 布设原则

① 根据酒鬼酒地理生态环境保护区的地形,合理划分采样单元。

② 采样点不能设在路边、沟边等处。

③ 坚持哪里有污染就在哪里布点,优先布设在那些污染严重的地方。

(2) 布点方法

根据现场调查选择合适的采样点,选择采样点时首选在地形相对稳定和植被良好的地点,所选择的采样点应当离公路、铁路至少 300 m 以上。土壤监测的布点数量要满足样本容量的基本要求。根据需要,在酒鬼酒地理生态环境保护区内共设 25 个采样单元,每个采样单元布设 10 个或 10 个以上采样点。根据酒鬼酒地理生态环境保护区的基本地形选择采用"蛇形布点法"进行布点。

4. 土壤样品的采集

(1) 采样深度和采样量

酒鬼酒地理生态环境保护区土壤样品的采集深度为 0~30 cm,取样量控制在 1 kg 左右。

（2）样品采集

采集酒鬼酒地理生态环境保护区监测区域内13个点组成的混合土壤样品,各采样点分布应均匀,每个采样点的取土深度及重量均匀一致,土样上层和下层的比例相同,塑料铲垂直于地面,入土至规定的深度,采样时首先采集剖面的底层土壤样品,然后再采集中层土壤样品,最后再采集上层土壤样品,整个采样次序是自下而上。将各采样分点所采集的全部土样放在塑料布上,用手捏碎混匀,用四分法淘汰。四分法:将采集的土壤样品全部弄碎,混合均匀,铺成四方形,划分成如"田"字形的四份,保留对角的两份土样,混匀后留作样品,而把另外两份弃去,将采集好的土壤样品用封口塑料袋盛装。

5. 土壤样品的制备和保存

（1）土壤样品的制备

从酒鬼酒地理生态环境保护区内采集回来的土壤样品,经登记编号后,都需要经过一个制备过程:风干→磨细→过筛→混匀→分装,以备项目测定之用。

① 风干:将在酒鬼酒地理生态环境保护区采得的土样全部倒在塑料薄膜内,在阴凉处慢慢风干,在至半干状态时,须及时将大土块捏碎,以免干后结成硬块,同时除去杂物,置于室温下自然风干,防止酸、碱等气体的污染。

② 磨细和过筛:在实验室将潮湿土样倒在白色瓷盘内,摊成约2 cm厚的薄层,用玻璃棒间断地压碎、翻动,使其均匀风干。在风干的过程中同时拣出碎石、沙砾及植物残体等杂质,细小已断的植物须根可以在土样磨细前利用静电吸除。待土样风干后,将其倒在塑料板上,为防止污染,木板上应衬垫干净的白纸,用玻璃棒压碎并混匀后过0.84 mm尼龙筛。过尼龙筛后的样品全部混匀后再采用四分法取其两份。一份交样品库保存,用于土壤pH值等项目的测定用。另一份继续磨样,将样品研磨到全部通过孔径为0.074 mm的尼龙筛,用于微量元素分析。研磨混匀后的样品装入塑料袋中,内外各具一张标签,写明编号、采样地点、采样日期和采样人等项目,制备好的土壤样品放在4℃以下的冰箱内保存待用。

（2）土样保存

制备好的土壤样品装入样品袋后填好标签,一式两份,袋内一份,外贴一份。制备好的土壤样品应避免日光、高温、潮湿和酸、碱气体等的污染,在常温、阴凉、干燥、避阳光、密封条件下可保存半年至一年时间。

6. 保护区土壤元素含量测定

（1）材料与方法

① 实验仪器:iCAP 6300 Radial电感耦合等离子体发射光谱仪(Thermo Scientific公司),电热恒温水浴锅(德国西门子-SG公司),ALC-210.4电子天平(北京赛多利斯仪器系统有限公司),DTD-40恒温消解仪(金坛市成辉仪器厂),DL-360A超声清洗仪(上海之信仪器有限公司),TP310型台式精密酸度计(北京时代新维测控设备有限公司),Labo Star1-D1超纯水机(SIEMENS公司)。

② 试剂与标准溶液:盐酸、硝酸均为优级纯;高氯酸、氢氟酸均为分析纯;高纯氩气纯度为99.999%;镉(Cd)、铬(Cr)、锰(Mn)、铜(Cu)、锌(Zn)、铅(Pb)、硒(Se)、砷(As)、硼(B)、

铁（Fe）标准溶液浓度：1 000 μg/mL，购于国家有色金属及电子材料分析测试中心，使用前将各元素的标准溶液稀释成 10 μg/mL 标准混合储备溶液，实验用水为超纯水（电阻率为 18.2 MΩ/cm）。

③ 实验方法

A. 土壤样品消解方法

准确称取 0.500 0 g 土壤样品（精确至 0.000 1 g）置于聚四氟乙烯坩埚内，用去离子水润湿，加 10 mL HCl，摇匀，在恒温电热板上加热至净干，冷却后加 HNO_3 10 mL、$HClO_4$ 4 mL、HF 10 mL，再置于电热板上加盖加热消解。待消解完成后，开盖赶酸，待酸赶尽（即白烟冒尽，溶液透明见底），加入少量 HNO_3，温热消解残渣，待冷却后，转移至 25 mL 容量瓶中，用 10%的 HNO_3 定容至标线，并做好标记，待测。样品进行 3 次平行实验，同时进行空白实验。

B. 测定土壤 pH 值的方法

准确称取过 0.84 mm 孔径筛的土壤样品 10.00 g，置于塑料离心管中，采用去离子水作浸提剂，按土壤样品和蒸馏水质量比 1∶2.5 充分振荡，用 TP310 型台式精密酸度计准确测定土壤样品的 pH 值，样品平行测定 2 份，测定误差应小于 0.1。

（2）结果与分析

① ICP－OES 工作参数

ICP－OES 仪器的最佳工作条件见表 6.2。在仪器工作条件下，依次将仪器的样品管插入各个浓度的标准系列、样品空白溶液、样品溶液进行测定，取 3 次读数的平均值为测定值。

表 6.2　最佳仪器条件

条件名称	工作条件	条件名称	工作条件
RF 功率	1 150 W	Camera 温度	33.80 ℃
雾化气流量	0.5 L/min	光室温度	37.9 ℃
辅助气流量	0.5 L/min	发生器温度	26.00 ℃
观测方向	垂直观测	冲洗泵速	100 r/min
垂直观测高度	12.0 mm	分析泵速	50 r/min

② 分析线的选择及方法检出限

ICP－OES 法对各个元素的测定都可以同时选择多条特征谱线，且同时具有同步背景校正功能。根据仪器所附谱线资料库，每个元素选择多条分析谱线进行测定。通过对标准溶液、试剂空白和样品溶液进行扫描并做对照，观察有无干扰峰，并记录谱线信号和背景强度，选择发射净强度大、信背比高、共存元素谱线干扰少且稳定性好的谱线作为待测元素的分析谱线。在仪器最佳测定条件下对样品空白溶液平行测定 10 次，并按 3 倍标准偏差所对应的浓度值给出方法的检出线，各元素的分析谱线及检出限的测定结果如表 6.3 所示。

表6.3 元素分析线及检出限

元素	检出线（μg/L）	相关系数	分析线（nm）	背景校正
Cd	0.008 0	0.998 9	214.483	左右
Mn	0.700 0	0.999 1	191.510	左右
Cu	0.010 0	0.999 2	204.379	左右
Cr	0.060 0	0.999 8	205.552	右
Pb	0.020 0	0.999 4	168.215	左
Zn	0.030 0	0.999 3	202.548	左右
Se	0.001 0	0.999 7	196.090	左右
As	0.005 0	0.999 2	189.042	左右
B	0.007 0	0.999 8	181.837	左右
Fe	0.020 0	0.999 3	218.719	左右

③ 方法精密度

取同一样品平行测定10次,进行精密度实验,计算出相对标准偏差(RSD),结果见表6.4。从表6.4可以看出,相对标准偏差(RSD)的范围在0.08％～0.86％之间,均小于1％,说明仪器工作比较稳定,重复性较好,分析结果准确、可靠。

表6.4 精密度实验（$n=10$）

元素	Cd	Cr	Mn	Cu	Zn
RSD（％）	0.09	0.86	0.10	0.08	0.35
元素	Pb	Se	As	B	Fe
RSD（％）	0.31	0.35	0.78	0.64	0.47

④ 加标回收率试验

对酒鬼酒地理生态环境保护区内土壤样品进行加标回收实验,加入一定量的镉(Cd)、铬(Cr)、锰(Mn)、铜(Cu)、锌(Zn)、铅(Pb)、硒(Se)、砷(As)、硼(B)、铁(Fe)标准溶液,测定样品的加标回收率,结果见表6.5,加标回收实验的回收率为96.3％～101.4％,表明方法具有较好的准确度。

表6.5 回收率实验

元素	原样值（μg/mL）	标准加入值（μg/mL）	测得值（μg/mL）	回收率（％）
Cd	0.028 0	1.000	1.033 2	100.5
Cr	48.82	10.00	58.75	99.3
Mn	199.4	100.0	299.8	100.4
Cu	0.393 5	1.000	1.392	99.8
Zn	2.163	10.00	12.19	100.3

元素	原样值(μg/mL)	标准加入值(μg/mL)	测得值(μg/mL)	回收率(%)
Pb	0.466 7	1.000	1.430	96.3
Se	0.143 4	1.000	1.122	97.9
As	5.434	10.00	15.57	101.4
B	0.149 8	1.000	1.151	100.1
Fe	53.41	10.00	63.26	98.5

⑤ 土壤 pH 值测定结果

酒鬼酒地理生态环境保护区内的 25 份土壤样品的 pH 值的测定结果见表 6.6。从表 6.6 可以看出酒鬼酒地理生态环境保护区 pH 值范围为 6.22~8.56,均以中性为主。

表 6.6　土壤样品的 pH 值测定结果

土样编号	pH 值		pH_{ave}
1	7.84	7.86	7.85
2	7.72	7.70	7.71
3	7.58	7.66	7.62
4	8.00	8.00	8.00
5	7.43	7.40	7.42
6	7.56	7.46	7.51
7	7.80	7.77	7.79
8	7.92	7.90	7.91
9	7.40	7.44	7.42
10	7.83	7.89	7.86
11	8.13	8.11	8.12
12	7.80	7.78	7.79
13	8.56	8.56	8.56
14	8.19	8.17	8.18
15	6.57	6.61	6.59
16	7.55	7.55	7.55
17	8.00	7.98	7.99
18	8.03	8.01	8.02
19	7.79	7.81	7.80
20	7.86	7.80	7.83
21	8.34	8.36	8.35
22	7.73	7.75	7.74

续表

土样编号	pH 值		pH$_{ave}$
23	7.72	7.74	7.73
24	7.58	7.60	7.59
25	6.22	6.22	6.22

⑥ 土壤样品分析结果

酒鬼酒地理生态环境保护区内 25 份土壤样品中的镉(Cd)、铬(Cr)、锰(Mn)、铜(Cu)、锌(Zn)、铅(Pb)、硒(Se)、砷(As)、硼(B)、铁(Fe)10 种元素含量的测定结果见表 6.7。

表 6.7　土壤样品中 10 种元素的测定结果

样品号	含量(μg/g)				
	Cd	Cr	Cu	Mn	Pb
1	0.010 0±0.000 4	17.55±4.281	0.131 4±0.001 5	146.2±77.85	0.166 5±0.005 9
2	0.030 5±0.000 3	43.75±2.091	0.258 7±0.133 1	217.5±0.001 1	0.569 8±0.005 6
3	0.012 8±0.000 2	51.47±1.029	0.259 6±0.000 3	77.76±9.061 6	0.481 0±0.005 2
4	0.011 1±0.000 5	61.94±2.250	0.536 7±0.004 6	479.8±32.39	1.045±0.003 0
5	0.029 1±0.000 2	47.96±4.366 8	0.367 2±0.001 0	364.9±11.44	0.491 7±0.008 3
6	0.014 6±0.000 1	37.92±5.940 6	0.197 9±0.002 5	328.3±26.43	0.284 6±0.000 5
7	0.054 4±0.001 0	55.97±48.17	0.452 7±0.004 6	277.6±26.33	1.046±0.022 7
8	0.088 7±0.000 6	48.11±11.79	0.402 0±0.015 4	604.7±16.42	1.201±0.014 9
9	0.021 9±0.000 5	62.94±5.188 3	0.356 0±0.000 4	513.7±12.13	0.436 6±0.002 6
10	0.036 3±0.000 2	45.00±3.333	0.315 2±0.000 5	588.8±30.14	0.429 7±0.006 9
11	0.027 6±0.000 2	39.76±4.482 4	0.241 7±0.001 0	430.9±71.57	0.548 9±0.004 9
12	0.055 7±0.000 3	59.31±5.274	0.381 7±0.003 1	385.3±44.14	0.742 9±0.002 3
13	0.021 9±0.000 5	51.35±8.873 2	0.548 8±0.000 6	728.5±33.36	0.245 0±0.006 8
14	0.021 0±0.000 1	46.62±1.426 3	0.453 5±0.003 7	463.2±37.98	0.311 9±0.010 0
15	0.032 5±0.000 5	42.10±3.636	0.271 4±0.003 7	241.2±12.24	0.307 1±0.001 9
16	0.028 0±0.000 2	48.82±0.932 4	0.393 5±0.008 1	199.4±68.83	0.466 7±0.001 2
17	0.058 3±0.000 2	48.82±1.577 5	0.395 6±0.005 6	319.8±21.41	1.613±0.010 2
18	0.059 7±0.000 1	50.41±1.547	0.413 1±0.012 8	316.9±93.23	0.576 8±0.003 9
19	0.020 8±0.000 2	37.61±3.403	0.413 8±0.000 7	630.4±63.22	0.056 8±0.005 0
20	0.023 0±0.000 1	59.91±1.213	0.403 1±0.000 2	432.3±12.82	0.428 6±0.001 5
21	0.140 5±0.001 1	49.74±4.860	0.574 4±0.007 7	648.2±21.70	1.513±0.256 0
22	0.092 3±0.000 6	63.86±7.942 8	0.573 7±0.001 2	460.4±11.27	0.899 7±0.008 5
23	0.030 0±0.000 1	55.16±1.495	0.426 6±0.000 8	583.0±83.86	2.600±0.004 1
24	0.025 0±0.000 3	46.61±1.630 2	0.361 6±0.002 1	398.3±55.44	0.464 4±0.005 0

样品号	含量（μg/g）				
	Cd	Cr	Cu	Mn	Pb
25	0.034 0±0.000 1	40.14±3.481	0.216 2±0.021 2	255.7±20.57	0.230 7±0.006 8
三级标准	1.0	400	400	—	500

样品编号	含量（μg/g）				
	Zn	Se	As	B	Fe
1	0.801 5±0.001 8	0.204 0±0.003 8	2.995±0.023 5	0.136 2±0.012 7	36.61±0.420 8
2	1.246±0.000 1	0.186 3±0.001 8	1.194±0.023 5	0.134 3±0.011 4	40.14±0.348 1
3	2.095±0.005 2	0.201 7±0.002 9	2.876±0.022 1	0.142 2±0.012 1	42.61±0.154 6
4	3.861±0.017 2	0.144 2±0.003 5	2.715±0.031 1	0.131 6±0.013 3	47.31±0.318 1
5	2.323±0.006 2	0.146 0±0.002 1	3.417±0.013 4	0.152 9±0.010 7	35.78±0.420 2
6	1.008±0.002 3	0.263 1±0.003 2	3.623±0.017 6	0.152 3±0.010 1	46.81±0.510 1
7	3.408±0.032 5	0.109 8±0.001 9	6.327±0.024 5	0.204 1±0.012 6	35.97±0.430 6
8	3.962±0.031 7	0.119 4±0.001 2	4.212±0.013 8	0.213 2±0.017 8	61.33±0.511 2
9	1.877±0.004 2	0.123 6±0.001 3	4.326±0.012 3	0.131 8±0.011 2	53.47±0.412 6
10	2.047±0.007 1	0.215 1±0.001 5	4.434±0.013 1	0.142 4±0.010 3	42.35±0.309 8
11	2.295±0.000 4	0.198 7±0.000 6	2.341±0.023 8	0.123 6±0.011 5	56.63±0.423 3
12	3.391±0.002 6	0.213 1±0.002 3	3.386±0.031 2	0.131 5±0.011 4	37.89±0.343 5
13	2.120±0.007 5	0.190 5±0.000 4	2.617±0.014 3	0.141 2±0.010 7	41.24±0.501 1
14	1.313±0.003 5	0.126 3±0.003 1	5.823±0.024 6	0.143 7±0.011 0	73.85±0.600 3
15	1.056±0.001 0	0.211 7±0.000 2	5.731±0.031 0	0.163 3±0.010 7	36.72±0.403 0
16	2.163±0.001 4	0.143 4±0.001 7	5.434±0.028 1	0.149 8±0.011 3	53.41±0.338 9
17	4.363±0.022 2	0.206 1±0.002 5	2.838±0.016 3	0.181 1±0.012 1	56.36±0.395 7
18	2.070±0.010 2	0.218 0±0.000 9	2.763±0.017 6	0.134 2±0.011 9	43.75±0.436 6
19	1.727±0.008 0	0.203 8±0.001 6	3.384±0.029 1	0.174 6±0.013 8	61.22±0.730 1
20	1.874±0.008 1	0.219 2±0.000 4	1.997±0.013 2	0.163 3±0.011 1	68.88±0.502 7
21	4.879±0.011 0	0.147 7±0.005 1	3.441±0.020 3	0.178 9±0.016 4	54.34±0.365 2
22	4.675±0.003 1	0.258 4±0.001 3	1.989±0.013 4	0.203 4±0.018 7	39.91±0.400 5
23	2.046±0.012 6	0.201 1±0.002 5	3.663±0.021 7	0.183 6±0.011 3	47.73±0.398 6
24	1.788±0.000 2	0.132 0±0.001 2	3.679±0.031 6	0.122 5±0.010 5	62.28±0.533 4
25	1.861±0.006 1	0.209 2±0.001 7	2.814±0.021 3	0.134 8±0.011 6	48.33±0.548 7
三级标准	500	—	500	—	—

注:三级标准指国家土壤环境质量三级标准。

从表6.7可以看出,酒鬼酒地理生态环境保护区内土壤中镉(Cd)、砷(As)、铜(Cu)、铅(Pb)、铬(Cr)、硼(B)和锌(Zn)元素的含量均比较低,锰(Mn)、铁(Fe)和硒(Se)元素含量略高。根据国家土壤环境质量标准三级标准(为保障农林生产和植物正常生长的土壤临界值),酒鬼酒地理生态环境保护区内土壤中的镉、砷、铜、铅、铬和锌元素的含量远远低于国家土壤环境质量三级标准。由于中华人民共和国土壤环境质量标准并未对锰(Mn)含量做出相应的标准,根据相关报道,中国土壤锰(Mn)含量范围应在170~1 200 mg/kg,酒鬼酒地理生态环境保护区内土壤锰(Mn)含量均处在这一范围内。

三、保护区与吉首城区土壤元素含量比较

1. 调查范围及布点

研究团队于2012年12月采集表土样品,包括酒鬼酒、市人民医院、乾州古城、砂子坳村、青山湾污水处理厂、吉首市耐磨件厂、步行街、八月楼、民营小区、收费站、火车站和峒河游园共12个采样点,采样点的分布情况如图6.1所示。

图6.1　采样点的分布情况

2. 研究方法

精确称取土壤样品0.250 0 g于微波消解内罐中,分别加入硝酸3 mL、盐酸1 mL、过氧化氢溶液1 mL,充分混匀,加密封盖后置于微波炉内,按表6.8参数对土壤样品进行消解。消解完成后,待其温度降至60℃左右时,放气后拧开盖子,缓慢取出消解罐内胆,放入恒温加热消解仪中进行加热赶酸,温度控制在120℃以下,消解液蒸发至小体积,取出待冷却后,将其定容至25 mL的容量瓶中,待测。微波消解程序见表6.8。

表 6.8　微波消解程序

操作步骤	温 度(℃)	保温时间(min)	压力上限(Pa)
1	120	3	1 215 900
2	150	3	1 823 850
3	180	3	2 330 475
4	200	15	2 837 100

3. 结果与分析

对酒鬼酒地理生态环境保护区与吉首市城区的 12 份土壤样品中的 Cd、Cr、Cu、Mn、Pb、Zn、Se、As、B、Fe 共 10 种元素的含量进行了测定,测定结果见表 6.9。

表 6.9　土壤样品的分析结果

采样地点	含量(μg/g)				
	Cd	Cr	Cu	Mn	Pb
酒鬼酒保护区	0.039 2±0.000 5	48.51±1.128	0.373 8±0.006 3	403.7±30.51	0.686 3±0.008 9
市人民医院	1.880±0.000 7	48.82±1.625	0.793 5±0.005 1	445.1±26.33	30.26±2.821
乾州古城	1.708±0.000 2	37.61±1.381	0.813 8±0.007 8	631.5±14.13	26.50±3.387
砂子坳村	0.861 4±0.000 1	55.16±1.627	0.826 6±0.002 3	643.5±12.75	17.30±3.315
青山湾污水处理厂	1.757±0.000 9	59.31±1.801	0.781 7±0.004 6	564.2±11.10	29.79±2.877
吉首市耐磨件厂	1.405±0.000 6	49.74±1.136	0.874 3±0.001 9	661.1±28.14	28.24±4.592
步行街	1.819±0.000 3	51.35±1.862	0.848 8±0.003 5	594.8±12.63	26.12±3.568
八月楼	1.583±0.000 8	48.82±1.437	0.695 6±0.006 1	528.3±15.03	18.21±2.530
民营小区	1.630±0.000 2	59.91±1.565	0.603 1±0.005 8	403.6±11.66	25.36±3.109
收费站	1.832±0.000 7	42.10±1.322	0.871 4±0.005 3	667.4±24.47	30.27±3.471
火车站	1.905±0.000 5	46.61±1.477	0.861 9±0.007 6	554.9±22.50	26.83±3.427
峒河游园	1.057±0.000 6	50.41±1.675	0.613 1±0.008 7	403.8±10.29	21.36±2.532
国家土壤环境质量三级标准	1.0	400	400	—	500
采样地点	含量(μg/g)				
	Zn	Se	As	B	Fe
酒鬼酒保护区	2.410±0.001 4	0.1837±0.002 7	3.521±0.014 6	0.154 8±0.008 2	48.99±0.450 4
市人民医院	316.3±0.008 1	0.218 3±0.003 8	4.391±0.015 3	0.246 8±0.008 6	89.44±0.504 7

续表

采样地点	含量(μg/g)				
	Zn	Se	As	B	Fe
乾州古城	472.8±0.007 8	0.245 5±0.004 1	8.016±0.016 7	0.537 4±0.007 5	84.26±0.512 6
砂子坳村	404.6±0.007 2	0.131 4±0.004 7	6.513±0.014 2	0.832 1±0.009 3	86.50±0.470 2
青山湾污水处理厂	439.1±0.008 3	0.172 9±0.005 2	4.302±0.013 9	0.463 3±0.008 4	86.12±0.432 8
吉首市耐磨件厂	527.9±0.007 9	0.142 1±0.005 9	8.297±0.017 0	0.510 7±0.008 7	90.24±0.530 4
步行街	412.0±0.006 4	0.201 0±0.004 0	2.309±0.015 5	0.471 9±0.008 0	89.36±0.633 3
八月楼	236.2±0.007 9	0.153 8±0.006 3	4.033±0.016 2	0.821 1±0.008 9	88.21±0.683 5
民营小区	407.4±0.006 5	0.236 3±0.006 7	2.661±0.017 6	0.737 4±0.007 5	91.30±0.605 1
收费站	485.6±0.006 2	0.225 6±0.005 1	4.267±0.018 3	0.701 7±0.007 3	90.88±0.515 4
火车站	507.3±0.009 0	0.114 2±0.007 2	7.644±0.015 4	0.902 3±0.007 4	92.02±0.603 7
峒河游园	184.7±0.007 1	0.214 7±0.005 4	5.326±0.013 1	0.401 9±0.004 9	85.06±0.409 8
国家土壤环境质量三级标准	500	—	40	—	—

　　从表6.9可以看出酒鬼酒采样点土壤中镉(Cd)、砷(As)、铜(Cu)、铅(Pb)、铬(Cr)、硼(B)、铁(Fe)、硒(Se)和锌(Zn)元素的含量均比较低,而吉首市城区土壤中各元素含量除镉、锌和锰普遍高于酒鬼酒以外,其他元素含量均与酒鬼酒比较接近。根据《土壤环境质量标准》(GB 15618—1995)三级标准,酒鬼酒采样点土壤中的镉(Cd)、砷(As)、铜(Cu)、铅(Pb)、铬(Cr)和锌(Zn)元素的含量远远低于国家土壤环境质量三级标准,而吉首市城区镉元素含量除砂子坳村采样点外其余各采样点均超过了国家土壤环境质量三级标准,城区的耐磨件厂和火车站两个采样点的锌元素含量也均超过了国家土壤三级标准,除此以外吉首市城区其他各采样点元素含量均低于国家土壤环境质量标准的三级标准。

四、土壤环境质量评价

1. 评价方法

　　评价土壤环境质量的方法较多,主要有单项污染指数法和综合污染指数法。本研究采用综合和单项两种污染指数法对酒鬼酒地理生态环境保护区内的土壤环境质量进行综合评价。

　　单因子污染指数法计算公式如下:

$$P_i = \frac{C_i}{S_i}$$

式中:P_i——单因子污染指数;

C_i——某元素实测浓度值;

S_i——某元素的评价标准。

综合污染指数法计算公式如下:

$$P_{综} = \frac{P^2_{ave} + P^2_{max}}{2}$$

式中:$P_{综}$——综合污染指数;

P_{ave}——单因子污染指数的平均值;

P_{max}——单因子污染指数中的最大值。

2. 污染等级的划分

单因子污染指数和综合污染指数的级别及污染等级的划分标准见表6.10。

表6.10　污染指数分级标准

级别	单因子污染指数	污染等级	综合污染指数	污染等级
1	$P_i < 1$	清洁	$P_{综} \leq 0.7$	安全
2	$1 \leq P_i < 2$	轻污染	$0.7 < P_{综} \leq 1$	警戒级
3	$2 \leq P_i < 3$	中污染	$1 < P_{综} \leq 2$	轻污染
4	$P_i \geq 3$	重污染	$2 < P_{综} \leq 3$	中污染
5			$3 < P_{综}$	重污染

3. 评价结果

根据单因子污染指数法和综合污染指数法的公式进行计算,得出酒鬼酒地理生态环境保护区各重金属元素污染指数及污染程度,结果见表6.11。

表6.11　酒鬼酒地理生态环境保护区重金属污染指数及污染程度

采样点编号		1	2	3	4	5
Cd	P_i	0.010 0	0.030 5	0.012 8	0.011 1	0.029 1
	污染等级	清洁	清洁	清洁	清洁	清洁
Cr	P_i	0.043 9	0.109 4	0.128 7	0.154 9	0.119 9
	污染等级	清洁	清洁	清洁	清洁	清洁
Cu	P_i	0.000 3	0.000 6	0.000 6	0.001 3	0.000 9
	污染等级	清洁	清洁	清洁	清洁	清洁
Pb	P_i	0.000 3	0.001 1	0.001 0	0.002 1	0.001 0
	污染等级	清洁	清洁	清洁	清洁	清洁
Zn	P_i	0.001 6	0.002 5	0.004 2	0.007 7	0.004 6
	污染等级	清洁	清洁	清洁	清洁	清洁

采样点编号		1	2	3	4	5
As	P_i	0.074 9	0.030 0	0.071 9	0.067 9	0.085 4
	污染等级	清洁	清洁	清洁	清洁	清洁
$P_综$		0.055 3	0.080 0	0.094 6	0.113 3	0.089 4
污染等级		安全	安全	安全	安全	安全
采样点编号		6	7	8	9	10
Cd	P_i	0.014 6	0.054 4	0.088 7	0.021 9	0.036 3
	污染等级	清洁	清洁	清洁	清洁	清洁
Cr	P_i	0.094 8	0.139 9	0.120 3	0.157 4	0.112 5
	污染等级	清洁	清洁	清洁	清洁	清洁
Cu	P_i	0.000 5	0.001 1	0.001 0	0.000 9	0.000 8
	污染等级	清洁	清洁	清洁	清洁	清洁
Pb	P_i	0.000 6	0.002 1	0.002 4	0.000 9	0.000 9
	污染等级	清洁	清洁	清洁	清洁	清洁
Zn	P_i	0.002 0	0.006 8	0.007 9	0.003 8	0.004 1
	污染等级	清洁	清洁	清洁	清洁	清洁
As	P_i	0.090 6	0.158 2	0.105 3	0.108 2	0.110 8
	污染等级	清洁	清洁	清洁	清洁	清洁
$P_综$		0.071 2	0.119 7	0.093 3	0.116 5	0.085 5
污染等级		安全	安全	安全	安全	安全
采样点编号		11	12	13	14	15
Cd	P_i	0.027 6	0.055 7	0.021 9	0.021 0	0.032 5
	污染等级	清洁	清洁	清洁	清洁	清洁
Cr	P_i	0.099 4	0.148 3	0.128 4	0.116 6	0.105 2
	污染等级	清洁	清洁	清洁	清洁	清洁
Cu	P_i	0.000 6	0.001 0	0.001 4	0.001 1	0.000 7
	污染等级	清洁	清洁	清洁	清洁	清洁
Pb	P_i	0.001 1	0.001 5	0.000 5	0.000 6	0.000 6
	污染等级	清洁	清洁	清洁	清洁	清洁
Zn	P_i	0.004 6	0.006 8	0.004 2	0.002 6	0.002 1
	污染等级	清洁	清洁	清洁	清洁	清洁
As	P_i	0.058 5	0.084 6	0.065 4	0.145 6	0.143 3
	污染等级	清洁	清洁	清洁	清洁	清洁
$P_综$		0.073 8	0.110 6	0.094 5	0.108 4	0.106 7
污染等级		安全	安全	安全	安全	安全

采样点编号		16	17	18	19	20
Cd	P_i	0.028 0	0.058 3	0.059 7	0.020 8	0.023 0
	污染等级	清洁	清洁	清洁	清洁	清洁
Cr	P_i	0.122 0	0.122 0	0.126 0	0.094 0	0.149 8
	污染等级	清洁	清洁	清洁	清洁	清洁
Cu	P_i	0.001 0	0.001 0	0.001 0	0.001 0	0.001 0
	污染等级	清洁	清洁	清洁	清洁	清洁
Pb	P_i	0.000 9	0.003 2	0.001 2	0.000 1	0.000 9
	污染等级	清洁	清洁	清洁	清洁	清洁
Zn	P_i	0.004 3	0.008 7	0.004 1	0.003 4	0.003 7
	污染等级	清洁	清洁	清洁	清洁	清洁
As	P_i	0.135 8	0.071 0	0.069 1	0.084 6	0.049 9
	污染等级	清洁	清洁	清洁	清洁	清洁
$P_{综}$		0.102 0	0.129 7	0.094 3	0.070 7	0.109 3
污染等级		安全	安全	安全	安全	安全
采样点		21	22	23	24	25
Cd	P_i	0.140 5	0.092 3	0.030 0	0.025 0	0.034 0
	污染等级	清洁	清洁	清洁	清洁	清洁
Cr	P_i	0.124 4	0.159 6	0.137 9	0.116 5	0.100 4
	污染等级	清洁	清洁	清洁	清洁	清洁
Cu	P_i	0.001 4	0.001 4	0.001 1	0.000 9	0.000 5
	污染等级	清洁	清洁	清洁	清洁	清洁
Pb	P_i	0.003 0	0.001 8	0.005 2	0.000 9	0.000 5
	污染等级	清洁	清洁	清洁	清洁	清洁
Zn	P_i	0.009 8	0.009 4	0.004 1	0.003 6	0.003 7
	污染等级	清洁	清洁	清洁	清洁	清洁
As	P_i	0.086 0	0.049 7	0.091 6	0.092 0	0.070 4
	污染等级	清洁	清洁	清洁	清洁	清洁
$P_{综}$		0.108 3	0.118 8	0.102 6	0.087 1	0.075 2
污染等级		安全	安全	安全	安全	安全

　　由于国家土壤环境质量标准并未对锰、硒、铁和硼元素的含量做出相应的标准，因此本研究只对镉、砷、铜、铅、铬和锌元素的含量进行了综合评价。单因子污染指数的计算以国家土壤环境质量标准规定的三级标准作为评价标准。从评价结果可以看出酒鬼酒地理生态环

境保护区镉元素的单项污染指数范围为 0.010 0~0.140 5,铬元素的单项污染指数范围为 0.043 9~0.159 6,铜元素的单项污染指数范围为 0.000 3~0.001 4,铅元素的单项污染指数范围为 0.000 1~0.005 2,锌元素的单项污染指数范围为 0.001 6~0.009 8,砷元素的单项污染指数范围为 0.030 0~0.158 2,酒鬼酒地理生态环境保护区内土壤中镉、铬、铜、铅、锌和砷污染等级均为清洁。综合污染指数反映了各元素的综合污染状况,酒鬼酒地理生态环境保护区内土壤中各元素的综合污染指数范围为 0.055 3~0.129 7,总的污染等级均为安全,表明酒鬼酒地理生态环境保护区内土壤均未受到重金属元素的污染,保护区土壤环境质量较好。

五、结论与讨论

(1) 本研究采用 HNO_3-HCl-HF-$HClO_4$ 湿法消解土壤样品,该法能将土壤样品中的镉、铬、锰、铜、锌、铅、硒、砷、硼、铁元素完全消解出来,有效地控制了样品的损失和污染,处理操作过程简单、省时、环保,称样量少、干扰小且效果好。用 ICP-OES 法同时测定酒鬼酒生态工业园内 25 份土壤样品中 10 种微量元素的含量。实验结果表明,酒鬼酒地理生态环境保护区内土壤中 Cd、As、Cu、Pb、Cr、B 和 Zn 元素的含量均比较低,Mn、Fe 和 Se 元素含量略高。HNO_3-HCl-HF-$HClO_4$ 湿法消解与 ICP-OES 法相配合是一种同时测定土壤样品中多种元素含量较为理想的方法,该方法的检测范围较宽,准确度和精密度均能满足国家标准的要求,不仅具有较高的灵敏度和较低的检出限,而且还有节约试剂、快捷、准确、易操作、无环境污染等优点,可一次性完成对多种元素的测定,能够满足大批土壤样品检验的要求,可以广泛应用于土壤样品中多种元素含量的同时测定。采用单因子污染指数法和综合污染指数法对酒鬼酒地理生态环境保护区内土壤环境质量进行了综合评价,评价结果表明酒鬼酒地理生态环境保护区内土壤中各元素的污染等级均为清洁。保护区内土壤中各元素的综合污染指数范围为 0.055 3~0.129 7,总的污染等级均为安全。

(2) 在完成上述实验的基础上进一步对酒鬼酒地理生态环境保护区内土壤和吉首市城区土壤进行了比较分析,分析结果表明酒鬼酒地理生态环境保护区内土壤中 Cd、As、Cu、Pb、Cr、B、Fe、Se 和 Zn 元素的含量均比较低,Mn 元素含量略高。而吉首市城区土壤中各元素含量除 Cd、Mn 和 Zn 普遍高于酒鬼酒生态保护区外,其他元素含量均与酒鬼酒生态保护区比较接近。城区 Cd 元素含量除砂子坳村采样点外,其余各采样点均超过了国家土壤环境质量标准规定的三级标准,城区 Zn 元素含量除耐磨件厂和火车站两个采样点超过了国家土壤环境质量标准规定的三级标准外,其他各采样点 Zn 元素含量均低于国家土壤环境质量标准规定的三级标准。采用综合污染指数法对酒鬼酒地理生态环境保护区内土壤和吉首市城区土壤环境质量进行了综合评价,评价结果表明酒鬼酒地理生态环境保护区内土壤中各元素的污染等级均为清洁,总的污染等级为安全。吉首市城区土壤中 Cd 和 Zn 两种重金属元素对吉首市城区大部分土壤造成了轻度污染,吉首市城区土壤总的污染等级除了砂子坳村采样点为安全和峒河游园采样点为警戒级以外,其他各采样点总的污染等级均为轻污染。酒鬼酒地理生态环境保护区位于吉首市郊区,历来受到酒鬼酒股份有限公司、当地政府和居民的合理开发利用与保护,这是保护区土壤环境质量比较好的重要原因。经过初步分析,吉首市城区部分地区受到重金属污染的原因是湘西地区矿区开采和冶炼加工、化学制药、玻璃工业中的脱色剂,机械制造以及有机合成和造纸等工业的排放,电池和化学工业等排放的废水,城市垃圾的堆积,污水灌溉,再加上湘西地区有大量锰矿与铅锌矿,重金属元素亦不易分解。此外,车辆的机械磨损产生的颗粒尘埃和煤燃烧产生的粉尘等也是造成吉首市城区大部分地区受重金属轻度污染的主要原因。

第七章　保护区内水环境特征

水是人类社会的宝贵资源,分布于海洋、江、河、湖和地下水、大气水及冰川共同构成的地球水圈中。通常所说的水资源是指陆地上各种可以被人们利用的淡水资源。目前人类利用的主要淡水资源有河流水、淡水、湖泊水、浅层地下水,只占淡水总储量的0.3%。我国属于贫水国家,人均占有淡水资源量仅2 700 m³,低于世界上多数国家。水资源类型按空间分布分类可分为地表水(包括江河水、湖泊水和冰川水)和地下水(包括潜水和承压水),按循环周期分类可分为静态水资源(包括冰川、内陆湖泊水、深层地下水)和动态水资源(包括地表水、浅层地下水、河流水)。

一、保护区的水资源

1. 地表水

我国地表水主要有湖泊、河流、沼泽和冰川四种水体。酒鬼酒地理生态环境保护区内地表水主要包括龙、凤、兽三眼泉水和部分小河流。

2. 地下水

地下水可分为潜水和承压水。潜水埋藏在第一个隔水层之上,大气降水和地表水空气中水汽进入地下凝结而成,有自由水面,重力作用水从高处向低处渗流,水量不稳定,水质易受污染,埋藏较浅。承压水埋藏在上下两个隔水层之间,承受一定压力。潜水有承压水面,承受压力,水的运动取决于压力的大小,可从低处向高处渗流,水量稳定,水质不易受污染,埋藏较深。酒鬼酒地理生态环境保护区内的地下水主要为龙、凤、兽三眼泉井水。

二、保护区内水元素含量分析

1. 保护区内水样的采集

（1）采样前的准备

根据酒鬼酒地理生态环境保护区内地表水的基本特点,采样前首先应当选择适当的采样容器。此外,还需准备好交通工具。

容器材质对于水样在保存期间的稳定性影响很大。根据本研究监测项目的性质和采样方法的要求,选择 300 mL 的矿泉水瓶作为采样容器。容器洗涤的目的是处理容器内壁,以减少其对样品的污染或其他相互作用。根据水样测定项目的要求来确定清洗容器的方法。首先用自来水和洗涤剂清洗矿泉水瓶,以除去灰尘和油垢,用自来水冲洗干净后再用去离子水充分振荡洗涤 3 次。

(2)采样点位的确定

根据酒鬼酒地理生态环境保护区内龙泉、凤泉和兽泉三眼泉水面的宽度确定采样垂线和采样点位置及数目。

经测量,保护区内龙泉、凤泉和兽泉三眼泉水面宽度均小于 50 m,因此只需在各泉水中央设置一条采样垂线。由于保护区内龙泉、凤泉和兽泉三眼泉水深均不足 1 m,所以只需在各泉水 1/2 水深处设置采样点进行水样采集。

(3)采样方法和时间

采集酒鬼酒地理生态环境保护区泉水水样采用清洗干净后的 300 mL 矿泉水瓶直接采集。采集酒鬼酒地理生态环境保护区内地下水采用抽水泵直接采集至清洗干净后的 300 mL 矿泉水瓶中。为使采集的水样能够反映水质在时间和空间上的变化规律,必须合理地安排采样时间和采样频率,力求以最少的采样频次,取得最有时间代表性的样品。研究团队在 2013 年 3 月对酒鬼酒地理生态环境保护区内地表水和地下水样进行了采集。

2. 水样的运输和预处理

(1)水样的运输

采集的水样除供 pH 值等监测项目在现场测定使用外,大部分水样需运回实验室进行分析测试。在运输水样的过程中,除尽可能地缩短运输时间外,还应保持水样的完整性,使之不受污染、损坏和丢失。

(2)水样的预处理

水样预处理的方法主要有湿式消解法和干灰化法,本研究采用硝酸湿式消解法对酒鬼酒地理生态环境保护区内的水样进行消解处理。

3. 保护区内地表水元素含量的测定

本研究采用硝酸消解法对水样进行前处理,以 1% 硝酸作为测定介质,建立电感耦合等离子体发射光谱法(ICP - OES),同时测定酒鬼酒生态保护区内泉水水样中硼(B)、锌(Zn)、镉(Cd)、铜(Cu)、铅(Pb)、锰(Mn)、铁(Fe)、砷(As)、钡(Ba)、铋(Bi)、铬(Cr)、镍(Ni)、硒(Se)、锶(Sr)、钒(V)和钴(Co)共 16 种微量元素的含量。

(1)材料与方法

① 实验仪器

iCAP 6300 Radial 电感耦合等离子体发射光谱仪(Thermo Scientific 公司),电热恒温水浴锅(德国西门子- SG 公司),ALC - 210.4 电子天平(北京赛多利斯仪器系统有限公司),

DTD－40 恒温消解仪(金坛市成辉仪器厂)，DL－360A 超声清洗仪(上海之信仪器有限公司)，pHS－3F 酸度计(北京时代新维测控设备有限公司)，Labo Star1－D1 超纯水机(SIEMENS 公司)。

② 试剂与标准溶液

盐酸、硝酸均为优级纯；高氯酸、氢氟酸均为分析纯；高纯氩气，纯度为 99.999%；50 mL 聚四氟乙烯烧杯；250 mL 锥形瓶。

pH 值标准溶液 (pH 4.008,25℃)：称取先在 120℃ 干燥 3 h 的邻苯二甲酸氢钾 10.12 g，溶于水并在容量瓶中稀释至 1 L。

pH＝6.86 标准溶液(pH 6.865,25℃)：分别称取先在 120℃ 干燥 3 h 的磷酸二氢钾(KH_2PO_4)3.388 g 和磷酸氢二钠(Na_2HPO_4) 3.533 g，溶于水后于 1 L 容量瓶中稀释至标线。

pH＝9.18 标准溶液(pH 9.180,25℃)：称取与饱和溴化钠溶液共同放置在干燥器中平衡两昼夜的硼砂($Na_2B_4O_7 \cdot 10H_2O$) 3.80 g，溶于水后于 1 L 容量瓶中稀释至标线。

硼(B)、锌(Zn)、镉(Cd)、铜(Cu)、铅(Pb)、锰(Mn)、铁(Fe)、砷(As)、钡(Ba)、铋(Bi)、铬(Cr)、镍(Ni)、硒(Se)、锶(Sr)、钒(V)和钴(Co)标准溶液：1 000 μg/mL，购于国家有色金属及电子材料分析测试中心，使用前分别取 1 mL 各标准溶液于 100 mL 容量瓶中，用 1% 的硝酸溶液定容，配制成 10 μg/mL 标准混合储备溶液，实验用水为超纯水(电阻率为 18.2 MΩ/cm)。所有玻璃仪器均以 15% 的硝酸浸泡，用前以去离子水冲洗干净。

③ 水样的消解

取混匀后的泉水水样 100 mL 于烧杯中，加入 10 mL 浓硝酸，在电热板上加热煮沸，蒸发至小体积，试液应清澈透明，呈无色。蒸至净干，取下烧杯，稍冷后加 2% HNO_3 20 mL，温热溶解可溶盐。若有沉淀，应过滤，滤液冷至室温后于 50 mL 容量瓶中定容。同时做空白试样。

④ pH 值的测定

A. 仪器校准

先将玻璃电极放入蒸馏水中浸泡 24 h 以上，检查电极连接。打开 pH 计电源，预热。随后将水样与标准溶液调到同一温度。从小烧杯中取出电极，用蒸馏水洗净后吸干。将电极头浸入 pH 6.86 标准溶液，调节粗调/截距旋钮，使读数等于 6.86。取出电极，彻底冲洗并用滤纸吸干，浸泡在第二个标准溶液中，调节微调/斜率旋钮，使读数等于 9.18。取出电极，彻底冲洗并用滤纸吸干，浸泡在第一个标准溶液中，如果仪器响应的示值与第二个标准溶液的 pH(S)值之差大于 0.1 pH 值单位，重复上述两步。直到两读数均相符后，用于水样品测定。

B. 样品测定

测定水样时，先用蒸馏水认真冲洗电极，再用水样冲洗，然后将电极浸入样品中，小心摇动或进行搅拌使其均匀，静置，待读数稳定时记下 pH 值。样品平行测定两份，测定误差小于 0.1。

⑤ ICP－OES 工作参数

ICP－OES 仪器的最佳工作条件见表 7.1。在仪器工作条件下，依次将仪器的样品管插入各个浓度的标准系列、样品空白溶液、样品溶液进行测定，取 3 次读数的平均值为测定值。

表7.1　最佳仪器条件

条件名称	工作条件
RF 功率	1 150 W
雾化气流量	0.5 L/min
辅助气流量	0.5 L/min
观测方向	垂直观测
垂直观测高度	12.0 mm
Camera 温度	33.80 ℃
发生器温度	26.00 ℃
冲洗泵速	100 r/min
分析泵速	50 r/min

（2）结果与分析

① 酸度对 ICP – OES 的干扰效应

如果样品酸度太低,会造成待测金属离子水解,影响最终测定结果,因此选择合适的酸度对于上机样品的雾化效果、维持重金属离子的游离状态以及谱线强度都有重要意义。以无机酸作为试剂型的基体物质,在 ICP – OES 分析中受到广泛的重视,大量研究证实酸浓度增高将抑制分析物的谱线强度。硝酸是一种强氧化剂,它可以将许多物料中的痕量元素释放出来,形成溶解度很高的硝酸盐,用硝酸可提高稳定性,改进基体。本实验分别用 0.5％、1.0％、2.0％、4.0％、6.0％不同浓度硝酸配制标准系列进行测定。实验结果表明,以 1.0％硝酸为介质不但有利于检测结果的稳定,而且还具有较好的灵敏度,因此选择 1.0％硝酸作为酸介质。

② 分析线的选择及方法检出限

ICP – OES 法对各个元素的测定都可以同时选择多条特征谱线,且同时具有同步背景校正功能。根据仪器所附谱线资料库,每个元素选择多条分析谱线进行测定,通过对标准溶液、试剂空白和样品溶液进行扫描并做对照,观察有无干扰峰,并记录谱线信号和背景强度,选择发射净强度大、信背比高、峰形好、共存元素谱线干扰少且稳定性好的谱线作为待测元素的分析谱线。

在表7.1选定的工作条件下,连续测定空白溶液16次,以其结果的3倍标准偏差所对应的质量浓度值为各元素的方法检出限,各元素的分析谱线及检出限的测定结果如表7.2所示。

表7.2　保护区内地表水元素分析线及检出限

元　素	检出线（mg/L）	相关系数	分析线（nm）	背景校正
Zn	0.000 6	0.999 2	204.379	左右
Cu	0.000 4	0.999 0	202.548	左右
Cd	0.000 1	0.998 9	214.483	左右
B	0.030 0	0.999 8	181.837	左右

元　素	检出线（mg/L）	相关系数	分析线（nm）	背景校正
Pb	0.002 0	0.999 4	168.215	左
Mn	0.700 0	0.999 1	191.510	左右
Fe	0.020 0	0.999 3	218.719	左右
As	0.000 4	1.000 0	189.042	左右
Ba	0.002 1	0.999 7	455.403	左
Bi	0.004 4	0.998 5	223.061	左右
Cr	0.001 3	0.999 9	267.716	右
Ni	0.003 8	0.999 1	216.556	左右
Se	0.000 2	0.999 9	196.090	左右
Sr	0.027 0	0.999 6	407.771	左右
V	0.003 0	0.999 7	292.434	左右
Co	0.000 1	1.000 0	238.892	左

③ 加标回收率

为了验证方法的可靠性,对酒鬼酒生态保护区内泉水水样进行加标回收实验,加入一定量的硼(B)、锌(Zn)、镉(Cd)、铜(Cu)、铅(Pb)、锰(Mn)、铁(Fe)、砷(As)、钡(Ba)、铋(Bi)、铬(Cr)、镍(Ni)、硒(Se)、锶(Sr)、钒(V)和钴(Co)标准溶液,测定水样品的加标回收率,结果见表7.3。由表7.3可以看出,加标回收实验的回收率为96.30%~101.4%,表明方法具有较好的准确度。

表7.3　保护区内地表水加标回收率

元素	原样值（μg/mL）	标准加入值（μg/mL）	测得值（μg/mL）	回收率（%）
B	0.041 9	0.100 0	0.141 8	99.90
Zn	0.000 9	0.100 0	0.101 2	100.3
Cd	0.000 6	0.100 0	0.101 4	100.8
Cu	0.001 9	0.100 0	0.101 7	99.80
Pb	0.011 2	0.100 0	0.108 9	97.70
Mn	4.910 0	1.000 0	5.873 0	96.30
Fe	0.041 8	0.100 0	0.142 5	100.7
As	0.001 9	0.100 0	0.102 2	100.3
Ba	0.008 3	0.100 0	0.107 7	99.40
Bi	0.025 2	0.100 0	0.124 9	99.70
Cr	0.002 5	0.100 0	0.101 3	98.8

元素	原样值(μg/mL)	标准加入值(μg/mL)	测得值(μg/mL)	回收率(%)
Ni	0.010 7	1.000 0	1.012 8	100.2
Se	0.001 4	0.100 0	0.101 4	100.0
Sr	0.115 0	1.000 0	1.113 0	99.8
V	0.005 1	0.100 0	0.106 5	101.4
Co	0.002 9	0.100 0	1.004 3	100.1

④ 精密度

取同一水样平行测定 11 次($n=11$),进行精密度实验,计算出相对标准偏差(RSD),结果见表7.4。从表7.4可以看出,相对标准偏差(RSD)的范围在0.109 4%～0.954 3%之间,均小于1%,说明仪器工作比较稳定,重复性较好,分析结果准确、可靠。

表7.4 精密度实验($n=11$)

元素	硼(B)	锌(Zn)	镉(Cd)	铜(Cu)	铅(Pb)	锰(Mn)	铁(Fe)	砷(As)
RSD(%)	0.800 5	0.364 1	0.434 0	0.323 0	0.109 4	0.916 0	0.157 5	0.891 0
元素	钡(Ba)	铋(Bi)	铬(Cr)	镍(Ni)	硒(Se)	锶(Sr)	钒(V)	钴(Co)
RSD(%)	0.352 6	0.804 6	0.673 5	0.501 3	0.204 1	0.556 9	0.325 0	0.954 3

⑤ 水样 pH 值测定结果

酒鬼酒地理生态环境保护区内龙泉、凤泉和兽泉三眼泉地表水样中的pH值测定结果见表7.5。

表7.5 水样 pH 值测定结果

水样编号	龙泉 Ⅰ	龙泉 Ⅱ	龙泉 Ⅲ	凤泉 Ⅰ	凤泉 Ⅱ	凤泉 Ⅲ
pH	8.14	8.20	8.18	8.36	8.35	8.33
	8.16	8.22	8.18	8.36	8.37	8.33
pH$_{ave}$	8.15	8.21	8.18	8.36	8.36	8.33

⑥ 水样元素检测结果

酒鬼酒地理生态环境保护区内龙泉、凤泉和兽泉三眼泉地表水样中的硼(B)、锌(Zn)、镉(Cd)、铜(Cu)、铅(Pb)、锰(Mn)、铁(Fe)、砷(As)、钡(Ba)、铋(Bi)、铬(Cr)、镍(Ni)、硒(Se)、锶(Sr)、钒(V)和钴(Co)16种元素含量的测定结果见表7.6。

表7.6 水样品中16种元素的测定结果

水样编号	含量(μg/g)			
	B	Zn	Cd	Cu
龙泉 1	0.058 1±0.000 3	0.001 2±0.000 1	0.000 2±0.000 1	0.001 6±0.000 1

水样编号	含量（μg/g）			
	B	Zn	Cd	Cu
龙泉 2	0.082 0±0.000 8	0.001 2±0.000 2	0.000 1±0.000 2	0.000 5±0.000 3
龙泉 3	0.048 3±0.000 1	0.001 9±0.000 1	0.000 4±0.000 2	0.001 3±0.000 2
凤泉 1	0.041 9±0.002 7	0.000 9±0.000 3	0.000 6±0.000 3	0.001 9±0.000 2
凤泉 2	0.038 3±0.000 5	0.000 4±0.000 3	0.000 2±0.000 1	0.001 3±0.000 6
凤泉 3	0.035 9±0.000 5	0.000 9±0.000 3	0.000 1±0.000 4	0.002 2±0.001 3
兽泉 1	0.052 3±0.000 4	0.001 8±0.000 7	0.000 7±0.000 5	0.001 4±0.000 7
兽泉 2	0.054 7±0.000 6	0.001 0±0.000 2	0.000 3±0.000 1	0.002 0±0.001 0
兽泉 3	0.061 6±0.000 8	0.001 3±0.000 6	0.000 8±0.000 6	0.001 5±0.000 9
国家地表水环境质量三级标准	—	1.0	0.005	1.0

水样编号	含量（μg/g）			
	Pb	Co	Mn	Fe
龙泉 1	0.011 4±0.002 0	0.001 4±0.001 8	0.216 0±0.006 6	0.039 7±0.002 0
龙泉 2	0.012 5±0.000 8	0.000 6±0.002 2	0.948 5±0.009 2	0.040 8±0.000 2
龙泉 3	0.012 4±0.001 3	0.001 4±0.000 6	0.785 5±0.007 8	0.039 9±0.000 2
凤泉 1	0.011 2±0.003 2	0.002 9±0.002 0	0.491 0±0.006 8	0.041 8±0.001 1
凤泉 2	0.010 7±0.002 2	0.003 5±0.002 4	0.404 6±0.005 2	0.042 2±0.001 0
凤泉 3	0.008 6±0.003 5	0.002 6±0.000 7	0.305 1±0.002 7	0.040 3±0.002 5
兽泉 1	0.011 1±0.002 3	0.003 0±0.001 3	0.212 1±0.001 9	0.030 1±0.001 4
兽泉 2	0.011 7±0.003 0	0.004 4±0.000 6	0.231 5±0.002 0	0.031 5±0.000 7
兽泉 3	0.010 9±0.001 4	0.002 6±0.001 1	0.310 1±0.002 5	0.032 7±0.001 6
国家地表水环境质量三级标准	0.05	—	0.1	

水样编号	含量（μg/g）			
	As	V	Bi	Cr
龙泉 1	0.005 8±0.002 2	0.009 6±0.001 0	0.009 0±0.001 3	0.002 2±0.000 7
龙泉 2	0.001 3±0.000 8	0.006 0±0.002 0	0.007 9±0.002 1	0.002 9±0.000 4
龙泉 3	0.001 6±0.000 9	0.005 7±0.001 9	0.010 8±0.002 4	0.002 0±0.000 2
凤泉 1	0.001 9±0.001 7	0.005 1±0.002 6	0.025 2±0.005 5	0.002 5±0.000 3
凤泉 2	0.001 0±0.000 9	0.007 1±0.005 3	0.009 0±0.003 4	0.002 4±0.000 9
凤泉 3	0.001 7±0.001 2	0.003 6±0.001 0	0.005 1±0.002 3	0.002 2±0.000 5
兽泉 1	0.001 1±0.000 4	0.011 4±0.000 2	0.010 1±0.004 2	0.002 3±0.000 7

水样编号	含量（μg/g）			
	As	V	Bi	Cr
兽泉2	0.002 4±0.000 7	0.006 4±0.001 1	0.018 0±0.007 5	0.002 6±0.001 3
兽泉3	0.001 2±0.000 6	0.005 3±0.000 7	0.010 5±0.003 6	0.002 3±0.000 5
国家地表水环境质量三级标准	0.05	—	—	0.05

水样编号	含量（μg/g）			
	Sr	Se	Ni	Ba
龙泉1	0.133 2±0.000 1	0.002 7±0.000 6	0.095 7±0.003 2	0.012 0±0.000 3
龙泉2	0.133 3±0.001 0	0.001 5±0.000 4	0.096 4±0.002 1	0.011 4±0.000 8
龙泉3	0.132 0±0.001 1	0.002 4±0.000 9	0.093 9±0.001 0	0.011 7±0.000 2
凤泉1	0.115 0±0.001 9	0.001 4±0.001 1	0.010 7±0.001 3	0.008 3±0.000 4
凤泉2	0.117 2±0.001 4	0.002 9±0.002 6	0.017 1±0.000 5	0.008 4±0.000 6
凤泉3	0.117 0±0.001 2	0.002 1±0.000 7	0.010 9±0.001 3	0.007 4±0.000 5
兽泉1	0.132 8±0.002 7	0.001 7±0.001 2	0.094 7±0.004 2	0.011 9±0.000 8
兽泉2	0.133 3±0.001 0	0.004 0±0.001 6	0.095 5±0.001 8	0.011 7±0.000 2
兽泉3	0.132 9±0.001 9	0.001 3±0.000 4	0.099 2±0.000 4	0.010 8±0.000 1
国家地表水环境质量三级标准	—	0.01	—	—

从表7.6可以看出,酒鬼酒地理生态环境保护区内土壤中镉(Cd)、钡(Ba)、砷(As)、铋(Bi)、铜(Cu)、铁(Fe)、铅(Pb)、硒(Se)、铬(Cr)、钒(V)、硼(B)、钴(Co)和锌(Zn)元素的含量均比较低,锰(Mn)、镍(Ni)和锶(Sr)三种元素的含量略高。对照《地表水环境质量标准》(GB 3838—2002)三级标准,酒鬼酒地理生态环境保护区内龙、凤、兽三眼泉泉水中的镉、砷、铜、铅、铬和锌元素的含量远远低于国家地表水环境质量三级标准,硒元素含量均比较接近国家地表水环境质量标准规定的三级标准,锰和铁两种元素的含量也比较接近国家地表水环境质量标准中规定的集中式生活饮用水地表水源地补充项目标准限值。

4. 保护区内地下水元素含量的测定

(1) 保护区地下水元素含量测定

在ICP-OES工作条件下,依次将仪器的样品管插入各个浓度的标准系列、样品空白溶液、样品溶液进行测定,得出地下水样品中硼(B)、锌(Zn)、镉(Cd)、铜(Cu)、铅(Pb)、钴(Co)、锰(Mn)、铁(Fe)、硒(Se)、铋(Bi)、钒(V)、钡(Ba)、锶(Sr)、镍(Ni)、铬(Cr)和砷(As)共16种微量元素的含量。

（2）结果与分析

① 分析线的选择及方法检出限

连续测定空白溶液 12 次,以其结果的 3 倍标准偏差所对应的质量浓度值为各元素的方法检出限,各元素的分析谱线及检出限的测定结果如表 7.7 所示。

表 7.7　元素分析线及检出限

元素	检出线（μg/L）	相关系数	分析线（nm）	背景校正
Zn	0.001 4	0.999 6	204.379	左右
Cu	0.000 1	0.999 1	202.548	左右
Cd	0.000 1	0.998 8	214.483	左右
B	0.030 0	0.999 7	181.837	左右
Pb	0.000 2	0.999 2	168.215	左
Co	0.000 1	1.000 0	195.742	左右
Mn	0.001 7	0.999 3	191.510	左右
Fe	0.003 5	0.998 7	218.719	左右
Se	0.000 1	0.999 8	196.090	左右
Bi	0.004 8	0.998 9	223.061	左右
V	0.002 3	0.999 6	292.434	左右
Ba	0.002 1	0.999 0	455.403	左
Sr	0.027 0	0.999 5	407.771	左右
Ni	0.003 8	0.999 1	216.556	左右
Cr	0.001 3	1.000 0	267.716	右
As	0.000 4	0.999 8	189.042	左右

② 加标回收率

为了验证该方法的可靠性,对酒鬼酒生态保护区内泉水水样进行加标回收实验,加入一定量的硼（B）、锌（Zn）、镉（Cd）、铜（Cu）、铅（Pb）、钴（Co）、锰（Mn）、铁（Fe）、硒（Se）、铋（Bi）、钒（V）、钡（Ba）、锶（Sr）、镍（Ni）、铬（Cr）、砷（As）标准溶液,测定水样品的加标回收率,结果见表 7.8。由表 7.8 可以看出,加标回收实验的回收率为 94.1% ~ 101.3%,表明方法具有较好的准确度。

表 7.8　回收率实验

元素	原样值（mg/L）	标准加入值（mg/L）	测得值（mg/L）	回收率（%）
B	0.037 9	0.100 0	0.138 2	100.3
Zn	0.009 7	0.100 0	0.108 5	98.8
Cd	0.000 6	0.100 0	0.101 1	100.5
Cu	0.000 2	0.100 0	0.100 9	100.7
Pb	0.008 9	0.100 0	0.107 0	98.1

元素	原样值（mg/L）	标准加入值（mg/L）	测得值（mg/L）	回收率（%）
Co	0.001 8	0.100 0	0.101 0	99.2
Mn	0.003 2	1.000 0	1.004 2	100.1
Fe	0.009 9	0.100 0	0.108 7	98.8
Se	0.000 4	0.100 0	0.101 3	100.9
Bi	0.012 2	0.100 0	0.112 0	99.8
V	0.012 6	0.100 0	0.113 8	101.2
Ba	0.214 8	1.000 0	1.215 8	100.1
Sr	0.152 1	1.000 0	1.141 5	98.9
Ni	0.014 6	0.100 0	0.115 9	101.3
Cr	0.024 5	0.100 0	0.118 6	94.1
As	0.014 3	0.100 0	0.113 3	99.0

③ 精密度

取同一水样平行测定12次（$n=12$），进行精密度实验，计算出相对标准偏差（RSD），结果见表7.9。从表7.9可以看出，相对标准偏差（RSD）的范围在0.203 2%～1.135 7%之间，均小于2%，说明仪器工作比较稳定，重复性较好，分析结果准确、可靠。

表7.9 精密度实验（$n=12$）

元 素	硼（B）	锌（Zn）	镉（Cd）	铜（Cu）	铅（Pb）	钴（Co）	锰（Mn）	铁（Fe）
RSD（%）	0.622 6	0.555 9	1.135 7	0.865 0	0.751 9	0.508 1	1.017 3	0.323 8
元 素	硒（Se）	铋（Bi）	钒（V）	钡（Ba）	锶（Sr）	镍（Ni）	铬（Cr）	砷（As）
RSD（%）	0.419 5	0.760 8	0.471 3	0.797 1	0.203 2	0.760 4	0.274 6	0.836 9

④ 地下水样分析结果

酒鬼酒地理生态环境保护区内龙泉、凤泉和兽泉三眼泉地下水样中的硼（B）、锌（Zn）、镉（Cd）、铜（Cu）、铅（Pb）、钴（Co）、锰（Mn）、铁（Fe）、硒（Se）、铋（Bi）、钒（V）、钡（Ba）、锶（Sr）、镍（Ni）、铬（Cr）和砷（As）16种元素含量的测定结果见表7.10。

表7.10 水样品中16种元素的测定结果

水样编号	含量（μg/g）			
	B	Se	Cd	Cu
龙泉1	0.042 6±0.002 7	0.000 1±0.000 2	0.000 9±0.001 3	0.000 9±0.008 1
龙泉2	0.038 7±0.006 3	0.000 2±0.000 6	0.000 7±0.001 0	0.000 5±0.003 0
龙泉3	0.036 6±0.008 7	0.000 1±0.000 3	0.000 3±0.001 4	0.000 7±0.004 5
凤泉1	0.036 4±0.001 7	0.000 4±0.000 2	0.000 1±0.000 3	0.001 2±0.005 1
凤泉2	0.040 6±0.004 2	0.000 2±0.000 1	0.000 6±0.001 8	0.000 4±0.000 6

水样编号	含量（μg/g）			
	B	Se	Cd	Cu
凤泉3	0.037 9±0.004 7	0.000 4±0.000 4	0.000 6±0.000 3	0.000 2±0.000 1
兽泉1	0.027 3±0.003 1	0.000 7±0.000 1	0.000 5±0.000 9	0.000 6±0.002 0
兽泉2	0.031 8±0.003 6	0.000 9±0.000 3	0.000 2±0.000 6	0.000 7±0.003 1
兽泉3	0.028 4±0.004 3	0.000 6±0.000 1	0.000 8±0.001 0	0.000 9±0.001 7
国家地下水质量标准三级标准	—	0.01	0.01	1.0
水样编号	含量（μg/g）			
	Pb	Co	Mn	Bi
龙泉1	0.012 5±0.000 9	0.000 6±0.000 1	0.004 4±0.000 4	0.013 7±0.006 6
龙泉2	0.001 7±0.002 7	0.005 2±0.001 9	0.004 3±0.000 9	0.014 3±0.007 2
龙泉3	0.003 4±0.005 4	0.002 8±0.002 0	0.005 0±0.000 4	0.012 6±0.001 5
凤泉1	0.000 5±0.000 9	0.004 4±0.000 6	0.004 5±0.001 1	0.018 0±0.007 7
凤泉2	0.010 5±0.001 3	0.003 5±0.000 8	0.004 3±0.000 7	0.029 1±0.002 4
凤泉3	0.008 9±0.001 1	0.001 8±0.000 2	0.003 2±0.001 5	0.012 2±0.007 3
兽泉1	0.002 4±0.000 8	0.002 1±0.000 7	0.004 7±0.000 6	0.012 7±0.006 8
兽泉2	0.007 3±0.001 0	0.001 8±0.000 8	0.005 1±0.000 3	0.013 8±0.005 2
兽泉3	0.008 7±0.001 2	0.003 2±0.001 3	0.004 4±0.000 9	0.014 9±0.003 6
国家地下水质量标准三级标准	0.05	0.05	0.1	—
水样编号	含量（μg/g）			
	Zn	V	Ba	Sr
龙泉1	0.015 9±0.000 6	0.014 8±0.000 7	0.209 2±0.001 7	0.150 0±0.000 3
龙泉2	0.131 2±0.004 7	0.017 3±0.001 9	0.211 6±0.000 5	0.148 9±0.000 3
龙泉3	0.020 0±0.002 2	0.018 3±0.002 2	0.215 1±0.000 9	0.150 6±0.001 1
凤泉1	0.047 0±0.001 4	0.016 6±0.000 2	0.213 4±0.002 4	0.149 5±0.002 1
凤泉2	0.005 2±0.002 2	0.015 6±0.002 6	0.214 6±0.000 3	0.150 9±0.000 6
凤泉3	0.009 7±0.001 1	0.012 6±0.002 4	0.214 8±0.000 8	0.152 1±0.001 2
兽泉1	0.012 0±0.002 3	0.013 7±0.001 8	0.213 3±0.000 5	0.143 7±0.001 4
兽泉2	0.008 7±0.001 5	0.012 9±0.002 1	0.210 2±0.001 3	0.149 3±0.000 9
兽泉3	0.006 6±0.002 1	0.013 1±0.001 6	0.215 6±0.000 7	0.150 1±0.001 1
国家地下水质量标准三级标准	1.0	—	1.0	—

水样编号	含量（μg/g）			
	Ni	Fe	Cr	As
龙泉1	0.014 1±0.001 1	0.012 5±0.000 4	0.023 0±0.000 1	0.012 3±0.008 4
龙泉2	0.013 8±0.001 7	0.012 1±0.000 3	0.023 9±0.001 7	0.013 1±0.005 2
龙泉3	0.014 2±0.001 3	0.024 0±0.000 7	0.024 0±0.000 1	0.019 9±0.006 4
凤泉1	0.014 1±0.000 9	0.011 8±0.003 4	0.023 7±0.000 6	0.010 2±0.008 2
凤泉2	0.014 3±0.001 7	0.012 2±0.008 9	0.026 8±0.000 6	0.009 3±0.001 9
凤泉3	0.014 6±0.002 3	0.009 9±0.006 8	0.024 5±0.000 9	0.014 3±0.002 2
兽泉1	0.013 2±0.000 8	0.011 7±0.003 6	0.022 1±0.000 4	0.010 7±0.003 1
兽泉2	0.013 7±0.001 4	0.012 8±0.002 3	0.023 6±0.000 7	0.011 2±0.004 7
兽泉3	0.014 0±0.002 0	0.011 4±0.004 5	0.024 2±0.000 2	0.012 6±0.002 9
国家地下水质量标准三级标准	0.05	0.3	0.05	0.05

从表7.10可以看出，酒鬼酒地理生态环境保护区内龙、凤、兽三眼泉地下水中镉（Cd）、钡（Ba）、砷（As）、铋（Bi）、铜（Cu）、镍（Ni）、铅（Pb）、锶（Sr）、铬（Cr）、钒（V）、硼（B）、钴（Co）、锌（Zn）、锰（Mn）、铁（Fe）和硒（Se）元素的含量均比较低。对照《地下水质量标准》（GB/T 14848—93）三级标准，酒鬼酒地理生态环境保护区内龙、凤、兽三眼泉地下水质中的镉、砷、铜、铅、铬、锌、硒、镍、铁、钡、钴和锰元素的含量远远低于中华人民共和国地下水质量标准中规定的三级标准，保护区内龙泉3号采样点地下水中的铁元素含量比较接近国家地表水质量标准中的三级标准。

三、保护区与峒河吉首段元素含量比较

1. 材料与方法

（1）样品采集

峒河是吉首境内主要河流，工厂废水、农业用水都排入峒河，对其水质有一定的影响。考虑到市内废水排入点位置，本次取样主要在吉首段河流共设四个取样点口，采样点布设详情见图7.1。

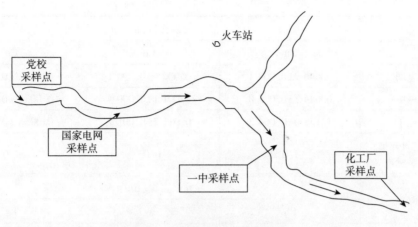

图7.1 峒河吉首段采样点布设

取样用的是 1 L 的矿泉水瓶,采样前用去离子水洗 3 到 4 遍,装水时再用河水洗 3 到 4 遍。采水点距离岸边 2~3 m,无杂草,少悬浮物,瓶口离水面 15~20 cm。采好水样后,拧紧瓶盖,贴好标签,装于一塑料口袋中密封。

(2)实验方法

取各采样点水样 5 mL 装入 25 mL 的容量瓶,用现配 1‰ HNO_3 定容,取中段滤液上机测定。取去离子水 5 mL 装入 25 mL 容量瓶,用现配 1‰ HNO_3 定容,做空白实验。

(3)评价方法

采用改进的内梅罗指数法对酒鬼酒地理生态环境保护区和峒河吉首段地表水环境质量进行了综合评价,由于改进的内梅罗指数法考虑了权重因素,相对原内梅罗指数法较为客观。

(4)样品测定

本次试验采用 ICP－OES 等离子体发射质谱仪测定酒鬼酒地理生态环境保护区和峒河吉首段水样品中重金属元素镉(Cd)、铬(Cr)、铜(Cu)、锌(Zn)、铅(Pb)、砷(As)的含量。

2. 结果与分析

酒鬼酒地理生态环境保护区和峒河吉首段水样中镉(Cd)、铬(Cr)、铜(Cu)、锌(Zn)、铅(Pb)、砷(As)6 种元素含量的检测结果见表7.11。

表 7.11　水样品中 6 种元素的测定结果

采样点	元素含量(μg/g)		
	Zn	Cd	Cu
酒鬼龙泉	0.001 4±0.000 2	0.000 2±0.000 1	0.001 1±0.000 2
酒鬼凤泉	0.000 7±0.000 3	0.000 3±0.000 2	0.000 6±0.000 6
酒鬼兽泉	0.001 3±0.000 5	0.001 8±0.000 7	0.001 6±0.000 9
吉首党校	0.031 8±0.001 2	0.000 7±0.000 2	0.007 5±0.000 9

采样点	元素含量（μg/g）		
	Zn	Cd	Cu
国家电网	0.046 9±0.004 1	0.000 9±0.000 1	0.005 3±0.000 5
吉首一中	0.044 7±0.005 0	0.001 1±0.000 4	0.005 9±0.001 0
吉首化工	1.138 0±0.004 3	0.011 2±0.001 7	0.005 0±0.000 3
国家地表水环境质量三级标准	1.0	0.05	1.0

采样点	元素含量（μg/g）		
	Pb	As	Cr
酒鬼龙泉	0.012 1±0.001 4	0.002 9±0.001 3	0.002 4±0.000 4
酒鬼凤泉	0.010 2±0.003 0	0.001 2±0.001 2	0.002 4±0.000 6
酒鬼兽泉	0.011 2±0.002 2	0.001 6±0.000 6	0.002 4±0.000 8
吉首党校	0.004 3±0.000 7	0.004 4±0.000 3	0.002 3±0.000 6
国家电网	0.005 9±0.001 1	0.006 8±0.001 7	0.001 1±0.000 3
吉首一中	0.006 4±0.000 8	0.004 9±0.000 5	0.001 5±0.000 1
吉首化工	0.033 0±0.001 4	0.459 1±0.002 1	0.004 3±0.000 7
国家地表水环境质量三级标准	0.05	0.05	0.05

从表 7.11 可以看出,酒鬼酒地理生态环境保护区内龙、凤、兽三眼泉地表水中的镉（Cd）、砷（As）、铜（Cu）、铅（Pb）、铬（Cr）和锌（Zn）元素的含量均比较低,而吉首峒河段除吉首化工厂采样点大部分元素的含量相比酒鬼酒地理生态环境保护区而言普遍偏高外,其他各采样点各元素的含量跟酒鬼酒地理生态环境保护区比较接近。对照中华人民共和国地表水环境质量标准三级标准,酒鬼酒地理生态环境保护区内龙、凤、兽三眼泉地下水质中的镉、砷、铜、铅、铬和锌元素的含量远远低于国家地表水环境质量标准中规定的三级标准。吉首峒河段除吉首化工厂采样点地表水中的锌和砷两种元素含量超过国家地表水环境质量标准三级标准外,其他各采样点地表水的锌和砷元素含量均在三级标准允许范围内,除此以外,吉首峒河段各采样点各元素的含量均低于国家地表水环境质量标准中规定的三级标准。

四、保护区水环境质量评价

1. 评价方法

（1）水环境质量评价方法

水环境质量评价就是在监测资料的基础上,经过数理统计得出统计量及环境的各种代表值,然后依据水环境质量评价方法及水环境质量分级分类标准进行环境质量评价,是环境管理的重要手段之一。目前用于水环境质量评价的方法主要有内梅罗指数法、灰色聚类分析法、系统聚类分析法、模糊综判法、综合评价法以及人工神经网络法等几种。其中内梅罗指数法是一种兼顾极值或者称为突出最大值的计权型多因子环境质量评价的方法。该法数学过程简洁,运算方便,物理概念清晰。对于一个评价区,只需计算出它的综合指数,再对照相应的分级标准,便可知道该评价区某环境要素的综合环境质量状况,所以本研究采用内梅罗指数法对酒鬼酒地理生态环境保护区内地表水和地下水环境质量进行综合评价。

(2) 传统的内梅罗综合污染指数

该方法是美国叙拉古大学内梅罗教授在其所著的《河流污染科学分析》一书中提出的一种水污染指数。传统的内梅罗综合污染指数计算公式如下:

$$P_j = \sqrt{\frac{F^2_{max} + F^2_{ave}}{2}}$$

$$F_{max} = \max\left\{\frac{c_i}{s_{ij}}\right\}$$

式中:i——本次评价选取的评价指标的数目,$i = 1, 2, \cdots, n$;

j——本次评价选用的标准所对应的水质类别数,$j = 1, 2, \cdots, m$;

s_{ij}——第 i 种污染因子在 j 种标准下的标准值;

F_{max}——在第 j 种标准下,c_i/s_{ij} 的最大值;

F_{ave}——在第 j 种标准下,所有参评指标 c_i/s_{ij} 的平均值;

c_i——第 i 种污染因子的实测浓度;

P_j——按第 j 种标准计算得出的内梅罗综合污染指数值。

(3) 改进的内梅罗综合污染指数

为了更合理地反映水环境的污染性质和程度,应考虑危害性最大的因子的权重因素。改进后的内梅罗综合污染指数计算公式如下:

$$P'_j = \sqrt{\frac{F'^2_{max} + F^2_{ave}}{2}}$$

$$F'_{max} = \frac{F_{max} + F_w}{2}$$

$$F_w = \frac{\sum\limits_{i=1}^{n} F_i}{m}$$

式中:F_w——权重值前 n 项组分的平均评分值;

n——根据评价数据确定;

F_{ave}——前 n 项组分的评分值;

m——前 n 项中 $F_i \geqslant 1$ 的项数。

2. 保护区地表水环境质量评价

（1）评价参数的选择

评价时选用的参数越多，越能反映环境的综合质量，但工作量和经费也随之增加。因此，结合本地区水质特点和环境监测工作情况选取铬（Cr）、铅（Pb）、镉（Cd）、锌（Zn）、铜（Cu）、砷（As）、硒（Se）等7项指标作为评价指标。

（2）水质评价标准

参与评价的酒鬼酒地理生态环境保护区地表水源地按《地表水环境质量标准》（GB 3838—2002）功能区划为Ⅲ类，执行Ⅲ类水质标准。所以，以Ⅲ类水质标准为基础划分污染等级。

（3）污染等级的划分

当$P'_j < 0.739$时，说明水质未受到污染，保护区水质状况较好；当$0.739 \leqslant P'_j < 1$时，水质状况在Ⅲ类标准范围内，但水质受到轻微污染；当$P'_j \geqslant 1$时，说明水质已经受到污染。内梅罗综合污染指数与水质类别的对应关系见表7.12。

表7.12　内梅罗污染指数与水质类别的对应关系

水质类别	Ⅰ类	Ⅱ类	Ⅲ类	Ⅳ类	Ⅴ类
P'_j	0.624	0.739	1	7.280	11.07
内梅罗污染等级	<0.624	$0.624 \leqslant P'_j < 0.739$	$0.739 \leqslant P'_j < 1$	$1 \leqslant P'_j < 7.280$	$7.280 \leqslant P'_j < 11.07$
污染等级描述	清洁	较清洁	轻污染	中度污染	严重污染

（4）权重值的计算

根据计算权重的方法，各评价指标的权重计算结果如表7.13。

表7.13　各污染因子Ⅲ类水质标准及权重值w_i

评价因子	硒（Se）	锌（Zn）	镉（Cd）	铜（Cu）	铅（Pb）	铬（Cr）	砷（As）
Ⅲ类水标准（mg/L）	≤0.01	≤1.00	≤0.005	≤1.00	≤0.05	≤0.05	≤0.05
权重值W_i	0.276 2	$2.762\,4 \times 10^{-3}$	0.552 5	$2.762\,4 \times 10^{-3}$	$5.524\,9 \times 10^{-2}$	$5.524\,9 \times 10^{-2}$	$5.524\,9 \times 10^{-2}$

（5）评价结果

根据各污染因子的实测浓度值，采用修正后的内梅罗污染综合指数进行计算，确定酒鬼酒地理生态环境保护区地表水的污染程度，评价结果见表7.14。

表7.14　酒鬼酒生态保护区水源地地表水评价

采样点	龙泉Ⅰ	龙泉Ⅱ	龙泉Ⅲ	凤泉Ⅰ	凤泉Ⅱ	凤泉Ⅲ	兽泉Ⅰ	兽泉Ⅱ	兽泉Ⅲ
F'_{max}	0.155 0	0.135 0	0.164 0	0.038 0	0.165 0	0.115 0	0.181 0	0.230 0	0.189 0
F_{ave}	0.100 1	0.072 2	0.091 9	0.131 0	0.087 7	0.069 0	0.077 6	0.113 9	0.083 0
P'_j	0.203 6	0.108 3	0.132 9	0.152 9	0.132 1	0.094 8	0.139 3	0.181 5	0.146 0

（6）与原内梅罗指数法评价结果的比较

酒鬼酒地理生态环境保护区内龙、凤、兽三眼泉地表水水样采用修改后和原内梅罗指数两种方法进行了评价，两种方法的评价结果见表7.15。

表7.15 两种方法比较结果

采样点	龙泉Ⅰ	龙泉Ⅱ	龙泉Ⅲ	凤泉Ⅰ	凤泉Ⅱ	凤泉Ⅲ	兽泉Ⅰ	兽泉Ⅱ	兽泉Ⅲ
P_j	0.203 6	0.184 0	0.188 3	0.183 5	0.214 2	0.156 3	0.166 3	0.294 1	0.165 0
水质级别	清洁	清洁	清洁	清洁	清洁	清洁	清洁	清洁	清洁
P'_j	0.203 6	0.108 3	0.132 9	0.152 9	0.132 1	0.094 8	0.139 3	0.181 5	0.146 0
水质级别	清洁	清洁	清洁	清洁	清洁	清洁	清洁	清洁	清洁

从评价结果来看，只有酒鬼酒地理生态环境保护区龙泉Ⅰ的两种评价方法（原内梅罗指数法和修正后的内梅罗指数法）的结果是一致的，都为0.203 6。其他各采样点的两种评价方法的评价结果略有差异，采用修正后的内梅罗指数法评价结果的P'_j值比传统的内梅罗指数法评价结果的P_j值都要偏低，表明修正后的内梅罗指数法评价酒鬼酒地理生态环境保护区内龙、凤、兽三眼泉地表水质比传统的内梅罗指数法评价保护区内龙、凤、兽三眼泉地表水质偏好。修正后的内梅罗指数法和传统的内梅罗指数法评价酒鬼酒地理生态环境保护区各采样点的水质级别均为清洁，说明酒鬼酒地理生态环境保护区龙、凤、兽三眼泉泉水水质均较好。

3. 保护区地下水环境质量评价

（1）评价参数的选择

评价时选用的参数越多，越能反映环境的综合质量，但工作量和经费也随之增加。因此，结合本地区水质特点和环境监测工作情况选取硒（Se）、镉（Cd）、铜（Cu）、铅（Pb）、钴（Co）、锰（Mn）、锌（Zn）、钡（Ba）、镍（Ni）、铁（Fe）、铬（Cr）和砷（As）12项指标。

（2）水质评价标准

酒鬼酒地理生态环境保护区内地下水环境质量综合评价是以《地下水质量标准》（GB/T 14848—93）中规定的Ⅲ类水质标准为基准进行计算的。

（3）污染等级的划分

当P'_j<0.42时，说明保护区地下水质未受到污染，水质状况优良；当0.63≤P'_j<1时，保护区地下水水质状况在Ⅲ类标准范围内，水质状况较好；当P'_j≥4.41时，说明保护区地下水水质已经受到严重污染，水质状况极差。内梅罗综合污染指数与水质类别的对应关系见表7.16。

表7.16 内梅罗污染指数与水质类别的对应关系

水质类别	Ⅰ类	Ⅱ类	Ⅲ类	Ⅳ类	Ⅴ类
	优良	良好	较好	较差	极差
内梅罗综合指数 P'_j	<0.42	0.42≤P'_j<0.63	0.63≤P'_j<1	1≤P'_j<4.41	≥4.41

（4）权重值的计算

酒鬼酒地理生态环境保护区地下水环境质量评价过程中的权重值是对中华人民共和国地下水环境质量标准Ⅲ类水质标准进行计算而获得的。根据计算权重的方法，各评价指标的权重计算结果见表7.17。

表 7.17　各污染因子Ⅲ类水质标准及权重值 W_i

评价因子	硒(Se)	镉(Cd)	铜(Cu)	铅(Pb)	钴(Co)	锰(Mn)
Ⅲ类水标准（mg/L）	≤ 0.01	≤ 0.01	≤ 1.0	≤ 0.05	≤ 0.05	≤ 0.1
权重值 W_i	0.316 1	0.316 1	$3.161\ 3\times10^{-3}$	$6.322\ 5\times10^{-2}$	$6.322\ 5\times10^{-2}$	$3.161\ 3\times10^{-2}$
评价因子	锌(Zn)	钡(Ba)	镍(Ni)	铁(Fe)	铬(Cr)	砷(As)
Ⅲ类水标准（mg/L）	≤ 1.0	≤ 1.0	≤ 0.05	≤ 0.3	≤ 0.05	≤ 0.05
权重值 W_i	$3.161\ 3\times10^{-3}$	$3.161\ 3\times10^{-3}$	$6.322\ 5\times10^{-2}$	$1.052\ 7\times10^{-2}$	$6.322\ 5\times10^{-2}$	$6.322\ 5\times10^{-2}$

（5）评价结果

采用改进的内梅罗污染指数对酒鬼酒地理生态环境保护区内龙、凤、兽三眼泉地下水环境质量进行了综合评价，确定保护区地下水水质的污染程度，评价结果见表7.18。

表 7.18　酒鬼酒生态保护区水源地地下水评价

采样点	龙泉Ⅰ	龙泉Ⅱ	龙泉Ⅲ	凤泉Ⅰ	凤泉Ⅱ	凤泉Ⅲ	兽泉Ⅰ	兽泉Ⅱ	兽泉Ⅲ
F'_{max}	0.235 0	0.249 0	0.245 0	0.257 0	0.278 0	0.265 0	0.256 0	0.281 0	0.272 0
F_{ave}	0.138 5	0.169 4	0.141 0	0.121 2	0.139 3	0.139 3	0.120 2	0.131 3	0.141 6
P'_j	0.192 9	0.213 0	0.199 9	0.200 9	0.219 8	0.211 7	0.200 0	0.219 3	0.216 8

（6）与原内梅罗指数法评价结果的比较

根据各污染因子的实测浓度值，采用修正后的内梅罗污染综合指数进行计算，确定酒鬼酒地理生态环境保护区地表水的污染程度。原内梅罗指数法和修正后的内梅罗指数法两种方法的评价结果见表7.19。

表 7.19　两种方法比较结果

采样点	龙泉Ⅰ	龙泉Ⅱ	龙泉Ⅲ	凤泉Ⅰ	凤泉Ⅱ	凤泉Ⅲ	兽泉Ⅰ	兽泉Ⅱ	兽泉Ⅲ
P_j	0.339	0.358 6	0.353 8	0.346 0	0.391 6	0.360 2	0.324 0	0.346 4	0.356 6
水质级别	优良	优良	优良	优良	优良	优良	优良	优良	优良
P'_j	0.199	0.213 0	0.199 9	0.200 9	0.219 8	0.211 7	0.200 0	0.219 3	0.216 8
水质级别	优良	优良	优良	优良	优良	优良	优良	优良	优良

从评价结果来看，酒鬼酒地理生态环境保护区凤泉Ⅱ采样点地下水的两种评价方法（原内梅罗指数法和修正后的内梅罗指数法）的评价结果相差最大，兽泉Ⅰ采样点地下水的两种

评价方法的评价结果相差最小,其他各采样点的两种评价方法的评价结果均略有差异,采用修正后的内梅罗指数法评价结果的 P'_i 值比传统的内梅罗指数法评价结果的 P_i 值都要偏低,表明修正后的内梅罗指数法评价采样点的水质比传统的内梅罗指数法评价采样点的水质偏好。修正后的内梅罗指数法和传统的内梅罗指数法评价酒鬼酒地理生态环境保护区龙、凤、兽三眼泉地下水各采样点的水质级别均为优良,共同说明了保护区龙、凤、兽三眼泉地下水水质均较好。

五、结论与讨论

（1）大量研究表明,水质与酒质以及酒的品格具有密切关系。位于保护区核心地的龙、凤、兽三眼泉水不仅是酿造酒鬼酒的直接水源,而且也是酒鬼酒独特的品质保证,三眼泉水质量的优劣会直接影响到酒鬼酒的品质及可持续生产。本研究采用硝酸消解法将水样进行前处理,用电感耦合等离子体发射光谱法同时测定了酒鬼酒地理生态环境保护区内龙、凤、兽三眼泉地表水和地下水水样中硼（B）、锌（Zn）、镉（Cd）、铜（Cu）、铅（Pb）、锰（Mn）、铁（Fe）、砷（As）、钡（Ba）、铋（Bi）、钴（Co）、镍（Ni）、硒（Se）、锶（Sr）、钒（V）和铬（Cr）共 16 种元素的含量。确定了仪器最佳工作条件,考察了基体干扰的影响,从而建立起准确、快速的 ICP – OES 法,同时测定酒鬼酒生态保护区三眼泉地表水和地下水水样中 16 种微量元素的方法。研究结果表明,保护区内地表水水样中锰（Mn）元素的含量相对略高,铁（Fe）、钒（V）、铜（Cu）、砷（As）、铋（Bi）、锌（Zn）、硼（B）、钴（Co）、钡（Ba）、镉（Cd）、铬（Cr）、锶（Sr）、镍（Ni）元素的含量较少,加标回收率 96.3%～101.4%,相对标准偏差都小于 1%,拥有较高的精密度和准确度。保护区内地下水水样中各元素含量均比较低,相对标准偏差（RSD）的范围在 0.203 2%～1.135 7%之间,均小于 2%,加标回收实验的回收率为 94.1%～101.3%,方法准确度好。电感耦合等离子体发射光谱具有效率高、准确率高、灵敏度高、基体干扰少、检出限低、抗干扰能力强、分析过程简单、操作简便快速并可同时测定多种元素的含量等特性,不仅提高了分析速度,而且结果准确、方法可靠,体现了 ICP – OES 在微量元素检测方面的优越性。本研究结果可为了解酒鬼酒生态保护区内龙、凤、兽三眼泉地表水和地下水水质污染状况并进一步采取相应的治理措施提供一定的科学数据。

（2）采用传统的内梅罗污染指数法对酒鬼酒地理生态环境保护区内龙、凤、兽三眼泉地表水和地下水环境质量进行了评价。在传统内梅罗指数法的基础上同时采用改进后的内梅罗污染指数法对酒鬼酒地理生态环境保护区内龙、凤、兽三眼泉地表水和地下水环境质量进行了综合评价,并对两种方法的评价结果进行了比较分析。评价结果表明,采用修正后的内梅罗指数法评价采样点的水质比传统的内梅罗指数法评价采样点的水质偏好,传统的内梅罗指数法和修正后的内梅罗指数法评价酒鬼酒地理生态环境保护区内地表水的水质级别均为清洁。传统的内梅罗指数法和修正后的内梅罗指数法两种评价方法对酒鬼酒地理生态环境保护区内地下水的评价结果略有差异,前者评价结果比后者都要偏高,采用修正后的内梅罗指数法和传统的内梅罗指数法评价酒鬼酒地理生态环境保护区龙、凤、兽三眼泉地下水水质级别均为优良。

（3）峒河是吉首境内主要的河流,工厂废水、农业用水都排入峒河。将酒鬼酒地理生态环境保护区(简称"保护区")内龙、凤、兽三眼泉和峒河吉首段进行了比较研究,研究结果表明,保护区内龙、凤、兽三眼泉水样中的镉(Cd)、砷(As)、铜(Cu)、铅(Pb)、铬(Cr)和锌(Zn)元素的含量均比较低,而吉首峒河段除吉首化工厂采样点大部分元素的含量相比保护区而言普遍偏高外,其他各采样点各元素的含量跟保护区均比较相近,吉首峒河段的吉首化工厂采样点地表水样中的锌(Zn)和砷(As)两种元素的含量已超过了国家地表水环境质量标准规定的三级标准。同样采用传统的内梅罗污染指数法和修正后的内梅罗污染指数法对酒鬼酒地理生态环境保护区内龙、凤、兽三眼泉和吉首峒河段水环境质量进行了综合评价。评价结果显示传统的内梅罗指数法和修正后的内梅罗指数法评价保护区龙、凤、兽三眼泉各采样点的水质评价级别均为清洁,采用传统的内梅罗指数法和修正后的内梅罗指数法评价峒河吉首段的吉首化工厂采样点地表水水质级别为中度污染,表明吉首峒河段的吉首化工厂地表水已经受到了中度污染,吉首峒河段的吉首市一中采样点、国家电网采样点和吉首市委党校采样点的地表水水质评价级别均为清洁。

（4）峒河吉首段各采样点水质优劣情况是入口好于出口,即吉首市委党校采样点＞国家电网采样点＞吉首市一中采样点＞吉首化工厂采样点。吉首市委党校采样点、国家电网采样点和吉首市一中采样点水质评价结果均为清洁,其原因从河流水量来看,峒河水量较大,河流有一定的自净能力,污染物质进入峒河后,首先被水体稀释,随后进行一系列的物理、化学和生物变化(如微生物降解、挥发和水解等),从而使峒河水体中各污染物的浓度降低。吉首化工厂采样点地表水水质评价结果为中度污染,造成污染的原因是吉首化工厂及其周边工厂排放的污染废水,机器制造业和金属加工业等排放的各类污水也是造成其中度污染的重要原因。

第八章　保护区植被与植物资源

植被(vegetation)是人类生存的物质基础,是指一个地区或某一区域乃至整个地球表面所有生活的植物的总体。植物资源是指那些可以被人类直接或间接利用或有潜在利用价值的一切植物的总和。植物资源作为第一生产者,既是人类所需的食物的主要来源,也是维持生物圈物质循环和能量流动的基础。

一、植被与植物资源的分类

1. 植被分类

植被分类是地植物学研究领域中争论最多的问题之一。由于不同国家或不同地区研究对象和研究方法的差异,其分类原则往往有很大区别。虽然近百年来植被分类研究有了很大的进展,并出现了各种各样的分类系统,但是到目前为止还没有一个国际通用的植被分类标准。综观现有主要的植被分类系统,起主导作用的有两大类,即生态外貌与植物区系。目前国内较为普遍采用的植被分类体系为吴征镒于 1980 年主编的《中国植被》提出的植被分类体系。该分类体系采用的主要分类单位有三级,即植被型、群系和群丛。每一级分类单位之上各设一个辅助单位,即植被型组、群系组与群丛组。此外,根据需要在每一级主要分类单位之下设亚级,如植被亚型、亚群系等。根据这一要求和植物群落学分类原则,各级分类单位如下:

植被型组

植被型(植被亚型)

群系组

群系(亚群系)

群丛组

群丛

2. 植物资源分类

植物资源泛指一切有用的植物,植物资源一般按原料性质或用途进行分类。秦汉时期的《神农本草经》是最早的以植物为主的药物学专著,记载了药用植物 252 种。1961 年由中国科学院植物研究所主编的《中国经济植物》中按原料的性质分为药用类、芳香油类、纤维类、淀粉类、树脂类及树胶类等。目前国内较为普遍采用的植物资源分类体系为由吴征镒院士于 1983 年提出的分类体系,按植物的用途将资源植物分为药用植物资源、保护和改造环境用植物资源、食用植物资源、植物种质资源和工业用植物资源共 5 个大类 33 小类。

二、保护区的植被类型

参照《中国植被》的分类原则,采用的主要分类单位有植被型高级单位、群系中级单位和群丛基本单位三级。本书主要以植被型为主要植被单位。对多次调查的资源进行系统整理后,将酒鬼酒地理生态环境保护区植被主要划分成阔叶林、灌丛、草丛、水生和栽培植被共 5 个植被类型。

1. 阔叶林

由阔叶树种构成的森林群落,它们在我国温暖而湿润和半湿润的气候条件下广泛地分布,占有广阔的分布区域。酒鬼酒地理生态环境保护区内的阔叶树种比较丰富,种类较多,适应广泛,但以此为优势的植被类型不多。究其原因,一是保护区面积有限,二是一定程度上存在较大破坏,致使地带性森林减少。酒鬼酒地理生态环境保护区内的常绿阔叶林和落叶阔叶林各具有一个群系。

（1）樟叶槭林（Form. *Acer cinnamomifolium*）

该类型属于常绿阔叶林,分布于酒鬼酒地理生态环境保护区公路旁海拔 225 m 的北偏东山坡,坡度为 20°,土壤类型为黄棕壤。该群落结构复杂,种类繁多。乔木层高 2~20 m,胸径 9.5~95 cm,组成树种以樟叶槭（*Acer cinnamomifolium*）为上层优势,常见伴生树种有梾木（*Swida macrophylla*）、野漆树（*Toxicodendron sylvestre*）、板栗（*Castanea mollissima*）、椤木石楠（*Photinia davidsoniae*）、女贞（*Ligustrum lucidum*）、朴树（*Celtis sinensis*）、算盘竹（*Indosasa glabrata*）、乌桕（*Sapium sebiferum*）、苦楝（*Melia azedarach*）和黄连木（*Pistacia chinensis*）等。灌木层高 0.3 m,盖度为 1%~50%,主要种类有油茶（*Camellia oleifera*）、白簕（*Acanthopanax trifoliatus*）、樟（*Cinnamomum camphora*）、华清香藤（*Jasminum sinense*）、台湾十大功劳（*Mahonia japonica*）、椤木石楠、箬竹（*Indocalamus tessellatus*）、构树（*Broussonetia papyrifera*）、柚（*Citrus maxima*）和棕榈（*Trachycarpus fortunei*）等。草本层高度为 0.2~0.6 m,盖度为 1%~50%,主要的草本植物有腹水草（*Veronicastrum stenostachyum*）、槲蕨（*Drynaria roosii*）、魁蒿（*Artemisia princeps*）、辣蓼（*Polygonum hydropiper*）、黄花蒿（*Artemisia annua*）、华中铁角蕨（*Asplenium sarelii*）、马兰（*Kalimeris indica*）、龙葵（*Solanum nigrum*）和三穗苔草（*Carex tristachya*）等。

（2）刺楸林（Form. *Kalopanax septemlobus*）

该类型属于落叶阔叶林,分布于酒鬼酒地理生态环境保护区振武营村风水林地海拔 260 m 的南山坡,坡度为 15°,土壤类型为黄壤。群落外貌为常绿阔叶树,乔木层高 7~25 m,胸径 40~195 cm,组成树种以刺楸（*Kalopanax septemlobus*）为上层优势,其他伴生树种有板栗、樟、枫香（*Liquidambar formosana*）、猴樟（*Cinnamomum bodinieri*）、椤木石楠、女贞、朴树、山胡椒（*Lindera glauca*）和梧桐（*Firmiana platanifolia*）等。灌木层高 0.4~4.0 m,盖度为 3%~53%,

主要树种有白簕、华清香藤、台湾十大功劳、杠香藤（*Mallotus repandus*）、六月雪（*Serissa japonica*）、山麻杆（*Alchornea davidii*）、柞木（*Xylosma racemosum*）、枳椇（*Hovenia dulcis*）、苎麻（*Boehmeria nivea*）、箬竹和紫金牛（*Ardisia japonica*）等。草本层高度为 0.2~0.4 m,盖度为 3%~60%,常见种类有半夏（*Pinellia ternata*）、蝴蝶花（*Iris japonica*）、筋骨草（*Ajuga ciliata*）、牛膝（*Achyranthes bidentata*）、千里光（*Senecio scandens*）、三脉紫菀（*Aster ageratoides*）和条叶榕（*Ficus pandurata*）等。

2. 灌丛

灌丛包括一切以灌木占优势所组成的植被类型。群落高度一般均在 5 m 以下,盖度大于 30%。灌丛不仅包括原生性的类型,也包括在人为因素影响下较长期存在的相对稳定的次生植被。灌丛分布广泛,生活型多样,具有各种适应表现,类型十分复杂,有阔叶的、喜酸的、常绿的、喜温的、针叶的、耐旱的、落叶的、耐盐的等等。酒鬼酒地理生态环境保护区内的灌丛主要为落叶阔叶灌丛和常绿阔叶灌丛,共 6 个群系。

（1）台湾十大功劳灌丛（Form. *Mahonia japonica*）

台湾十大功劳灌丛属于常绿灌丛,是酒鬼酒地理生态环境保护区内重要的植被类型。台湾十大功劳灌丛分布广,面积大,适应性强,主要分布在保护区海拔为 220 m 的林中或灌丛中。保护区台湾十大功劳灌丛群落总覆盖度为 80%,以台湾十大功劳为主,主要伴生种为山木通（*Clematis finetiana*）、杠香藤、高粱泡（*Rubus lambertianus*）和三脉紫菀等。

（2）毛叶插田泡灌丛（Form. *Rubus coreanus*）

毛叶插田泡灌丛生长在酒鬼酒地理生态环境保护区海拔 281 m 的山坡或沟谷旁,群落长势较好,土壤为山地黄棕壤。毛叶插田泡灌丛群落总覆盖度为 90%,以毛叶插田泡为主,主要伴生种为崖椒（*Zathoxvlum schinifolium*）、地枇杷（*Ficus tikoua*）、三脉紫菀、腹水草、肖菝葜（*Heterosmilax japonica*）、华清香藤和野蔷薇（*Rosa multiflora*）等。

（3）紫麻灌丛（Form. *Oreocnide frutescens*）

紫麻灌丛生于酒鬼酒地理生态环境保护区海拔 246 m 的山谷和林缘半阴湿处或石缝处。紫麻灌丛群落总覆盖度为 40%~50%,以紫麻为主,常见的伴生种为大叶白纸扇（*Mussaenda esquirolii*）、高粱泡、杠香藤、茜草（*Rubia cordifolia*）、小果蔷薇（*Rosa cymosa*）、华清香藤和肖菝葜等。

（4）高粱泡灌丛（Form. *Rubus lambertianus*）

高粱泡灌丛属于落叶灌丛,生于酒鬼酒地理生态环境保护区海拔 235 m 的山坡、山谷、路旁灌木丛中阴湿处或林缘及草坪上。高粱泡灌丛总盖度为 80%,以高粱泡占绝对优势,其他常见植物有野菊花（*Zinnia peruviana*）、苎麻和乌蔹莓（*Cayratia japonica*）等。

（5）灰白毛莓灌丛（Form. *Rubus tephrodes*）

灰白毛莓灌丛生于酒鬼酒地理生态环境保护区海拔达 226 m 的山坡或路旁,面积不大,土壤为山地黄壤,灰白毛莓灌丛群落总覆盖度为 30%,以灰白毛莓为主,常见的伴生种有女贞、构树、白簕和中南鱼藤（*Derris fordii*）等。

（6）杠香藤灌丛（Form. *Mallotus repandus*）

杠香藤灌丛生于酒鬼酒地理生态环境保护区海拔 258 m 山地疏林中或林缘,保护区杠香藤灌丛分布较多,面积较大,适应性强,杠香藤灌丛群落总覆盖度为 70％,以杠香藤为主,主要伴生种有朴树、野蔷薇、华清香藤和假奓包叶(*Discocleidion rufescens*)等。

3. 草丛

草丛是指以中生或旱中生多年生草本植物为主要建群种。草丛是我国南北各地荒山、荒地上的主要类型,由于它们大多数是处于不同演替阶段的次生类型,并各反映出不同的生境条件,所以它们对于选择宜垦地、宜林地具有一定的指示意义。根据草丛的群落结构特征、生态地理分布特点以及各类组成,可划分为温性草丛和暖性草丛两种植被类型。酒鬼酒地理生态环境保护区内草丛主要为暖性草丛,主要分布在森林破坏后或农地废弃后的空旷地段,乔木和灌木都很少,主要有辣蓼草丛、狗尾草(*Setaria viridis*)草丛、节节草(*Equisetum ramosissimum*)草丛和夏天无(*Corydalis decumbens*)草丛等 15 个群系。

(1) 辣蓼草丛(Form. *Polygonum hydropiper*)

辣蓼草丛生于酒鬼酒地理生态环境保护区海拔 211 m 的近水边或阴湿处,草群低矮,层次不明显,辣蓼草丛总盖度 80％,以辣蓼占绝对优势,主要植物有狗牙根(*Cynodon dactylon*)、葎草(*Humulus scandens*)和羊蹄(*Rumex japonicus*)等。

(2) 狗尾草草丛(Form. *Setaria viridis*)

狗尾草草丛生于酒鬼酒地理生态环境保护区海拔 212 m 的荒野、道旁,为旱地作物常见的一种杂草。狗尾草草丛总盖度 30％,以狗尾草占绝对优势,其他伴生植物有狗牙根、打破碗花花(*Anemone hupehensis*)、鬼针草(*Bidens bipinnata*)、黄花蒿、一年蓬(*Erigeron annuus*)和蛇莓(*Duchesnea indica*)等。

(3) 绿穗苋草丛(Form. *Amaranthus hybridus*)

绿穗苋草丛生于酒鬼酒地理生态环境保护区海拔 206 m 的田野、旷地或山坡旁,绿穗苋草丛总盖度 50％,以绿穗苋占绝对优势,其他常见植物还有狗尾草、龙葵和马唐(*Digitaria ischaemum*)等。

(4) 节节草草丛(Form. *Equisetum ramosissimum*)

节节草草丛广泛分布于酒鬼酒地理生态环境保护区海拔 223 m 的沟旁、田边、潮湿草地,喜近水,为农田杂草。节节草草丛总盖度 60％,以节节草占绝对优势,主要植物有荨麻(*Urtica fissa*)、野菊花、苎麻和蛇葡萄(*Ampelopsis sinica*)等。

(5) 马唐草丛(Form. *Digitaria ischaemum*)

马唐草丛生于酒鬼酒地理生态环境保护区海拔 226 m 的田野、路旁或润湿的地方。马唐草丛总盖度 60％,以马唐占绝对优势,其他伴生植物有野茼蒿(*Crassocephalum crepidioides*)、地枇杷和空心莲子草(*Alternanthera philoxeroides*)等。

(6) 夏天无草丛(Form. *Corydalis decumbens*)

夏天无草丛生于酒鬼酒地理生态环境保护区海拔 223 m 的山坡或路边,群落草层参差不齐,层次不明显,夏天无草丛总盖度为 80％,以夏天无占绝对优势,其他常见植物还有狗尾草和葎草等。

(7) 野菊花草丛(Form. *Zinnia peruvian*)

野菊花草丛主要分布于酒鬼酒地理生态环境保护区海拔 236 m 的山坡、草地或路边,群落总盖度较大,种类较少,野菊花草丛总盖度高达90％,其他伴生植物较少,主要有苎麻、乌蔹莓和五节芒(*Miscanthus floridulus*)。

（8）葛草丛(Form. *Pueraria lobata*)

葛草丛主要分布于酒鬼酒地理生态环境保护区海拔250 m的坡地上或疏林中,群落外貌绿色,结构简单。葛草丛总盖度为90％,以葛占绝对优势,其他常见植物还有芒(*Miscanthus sinensis*)和乌蔹莓等。

（9）野茼蒿草丛(Form. *Crassocephalum crepidioides*)

野茼蒿草丛生于酒鬼酒地理生态环境保护区海拔249 m的山坡路旁、水边、灌丛中,野茼蒿草丛总盖度为70％,以野茼蒿占绝对优势,其他主要植物有拟鼠麹草(*Pseudognaphalium affine*)、苣荬菜(*Sonchus arvensis*)、通泉草(*Mazus japonicus*)、一年蓬和辣蓼等。

（10）芒草丛(Form. *Miscanthus sinensis*)

芒草丛主要分布于酒鬼酒地理生态环境保护区海拔238 m的撂荒地、潮湿谷地、山坡或草地,草群低矮,层次较明显,芒草丛总盖度在40％~70％,以芒占绝对优势,其他伴生植物有葛和乌蔹莓等。

（11）白茅草丛(Form. *Imperata cylindrica*)

白茅草丛主要分布于酒鬼酒地理生态环境保护区海拔233 m的撂草地、山坡、荒地或潮湿谷地,盖度和种类较少,结构简单,白茅草丛总盖度为20％,以白茅占绝对优势,其他伴生植物主要有野菊花、芒和野茼蒿。

（12）画眉草草丛(Form. *Eragrostis pilosa*)

画眉草草丛多生于酒鬼酒地理生态环境保护区海拔236 m的荒芜草地上,画眉草草丛群落总覆盖度为50％,以画眉草为主,主要伴生种有灰白毛莓、五节芒和栝楼(*Trichosanthes kirilowii*)等。

（13）麦冬草丛(Form. *Ophiopogon japonicus*)

麦冬草丛生于酒鬼酒地理生态环境保护区海拔243 m的山坡阴湿处、林下或溪旁。麦冬草丛总盖度在50％~60％,以麦冬占绝对优势,其他主要伴生植物有五节芒、画眉草、野菊花、野茼蒿和黄鹌菜(*Youngia japonica*)等。

（14）冷水花草丛(Form. *Pilea notata*)

冷水花草丛主要分布于酒鬼酒地理生态环境保护区海拔249 m的谷、溪旁或林下阴湿处,呈片状或块状分布,群落外貌多为绿色,草丛参差不齐,层次不明显,结构比较简单。冷水花草丛总盖度高达90％,以冷水花占绝对优势,其他主要植物有黄鹌菜和蛇葡萄。

（15）鹅观草草丛(Form. *Roegneria kamoji*)

鹅观草草丛主要分布于保护区200~230 m左右的湿润性的向阳山坡路旁、橘树林边缘,常呈条带状,群落高1 m左右,总覆盖度达到90％左右,其外貌从4月份到8月份由翠绿色、灰绿色到灰黄色,最后枯萎。草丛比较整齐,物种简单,除了绝对优势的鹅观草以外,还有少许马兰和扬子毛茛(*Ranunculus sieboldii*),地表层有天胡荽(*Hydrocotyle sibthorpioides*)等。

4. 水生植被

水生植被是生长在水域环境中的植被类型,由水生植物所组成。水生植被就其种类组成来说包括低等和高等水生植物,就其所在水域的水质来说有咸水和淡水两大类。由于水域条件比较相似,同时水的流动性很大,非常有利于水生植物的广泛迁移与传播,因此水生植物不像陆生植物那样具有多种多样的类型和适应性。水生植物的生活型按形态特征和生态习性的不同可划分为沉水、挺水和浮水三个类型,酒鬼酒地理生态环境保护区内的水生植被类型主要为浮水型水生植物。

(1) 空心莲子草群落(Form. *Alternanthera philoxeroides*)

酒鬼酒地理生态环境保护区内水生植被空心莲子草扎根泥中,茎基部匍匐,上部斜向上升,悬浮水面,茎的下部各节均生须根,垂沉水面。空心莲子草生长很快,分枝茂,能迅速占领水面,形成茂密的覆盖,盖度高达80%,几乎无其他水生植物可以侵入生长。

(2) 浮萍群落(Form. *Lemna minor*)

酒鬼酒地理生态环境保护区内水生植被浮萍为浮水小草本,叶状体浮生水面,具一条3至4 cm长、沉于水中的根。群落外貌嫩绿色,无数的植体密接相连,覆盖水面,盖度最大时,可以不见水面,因此很少见其他沉水植物的生长。浮萍除可作猪、鸭饲料外,还可以用作绿肥。浮萍繁殖迅速,生长很快,密布于水面,其主要伴生植物有紫萍、品藻等。

5. 栽培植被

栽培植被是人类在长期的生产实践中,利用自然、改造自然,促使农业生产发展到稳定阶段的产物,又被称为人工植被。人工栽培形成的各种植物群落都属于栽培植被,包括大田农作物、药用植物、蔬菜和经济林等。此外,人工培育的牧草场和割草场等也属于栽培植被的范畴。随着人类对自然界认识的深化以及技术水平的提高,栽培植被不断被定向改造,在同样面积与同样的生态环境条件下,它所提供的产品种类和数量比自然植被多得多,对于满足社会需要所起的作用比自然植被大得多,它的发展变化因有人的促进,也比自然植被的演替快得多。栽培植被是整个植被的一部分,总的来说,自然植被分类所采用的群落结构与生态外貌原则也应适合于栽培植被的分类。不过这些原则应根据栽培植被的特点加以具体化,同时考虑到栽培植被的经济意义十分明确,和自然植被原生状态下的利用有所不同。根据栽培植被的特点和分类原则可将栽培植被类型分为草本类型(包括大田作物型、蔬菜作物型)和木本类型(包括经济林型、果园型、农果间作型、农林间作型和其他人工林型)。酒鬼酒地理生态环境保护区内栽培植被类型主要为蔬菜作物型、果园型和人工林型。

(1) 猴樟林(半人工)(Form. *Cinnamomum bodinieri*)

该类型分布于酒鬼酒地理生态环境保护区龙泉附近海拔220 m的西偏南山坡,坡度为25°,土壤类型为黄棕壤。该群落营造时间大约为20年,结构简单,种类较少。乔木层高2~15 m,胸径13~88 cm,组成树种以猴樟为上层优势,主要伴生树种有乌桕、棕榈和樟。灌木层高0.6~1.3 m,盖度为1%~40%,主要种类有华清香藤、大叶白纸扇、地枇杷、台湾十大功劳、金樱子(*Rosa laevigata*)、绒毛山胡椒(*Lindera nacusua*)、构树、苎麻和棕榈。草本层高度为0.2~0.3 m,盖度为1%~40%,主要的草本植物有腹水草、过路黄(*Lysimachia christinae*)、阔鳞鳞毛蕨(*Dryopteris championii*)、麦冬、芒萁(*Dicranopteris dichotoma*)、平车前(*Plantago depressa*)、中日金星蕨(*Parathelypteris nipponica*)、一年蓬和野茼蒿等。

（2）猴樟林（Form. *Cinnamomum bodinieri*）

该群落营造时间大约为 10 年,主要位于厂区围墙外,呈纯林状态,既分不出层次,也没有其他灌木,仅在林下有一些草本植物,如狗牙根、打破碗花花和鬼针草等。

（3）橘树林（Form. *Citrus reticulata*）

柑橘为酒鬼酒地理生态环境保护区内的主要果树,栽培数量较多。保护区气候温和,土壤土层较厚,酸碱度适宜,排水良好,肥力较高,适宜柑橘生长。柑橘的生态幅度较大,耐寒性亦强,故其分布范围较广,在整个酒鬼酒地理生态环境保护区范围内都有栽培,橘树林下生长的主要草本植物随季节有一定变化,夏季主要有麦冬、鼠尾草等,秋季主要有腹水草、野茼蒿等。

三、保护区植物资源

吴征镒院士的分类体系把植物资源分为保护和改造环境用植物资源、食用植物资源、工业用植物资源、植物种质资源和药用植物资源共 5 个大类 33 小类。刘胜祥教授则将植物资源分为 5 个大类 26 小类。本书在参考吴征镒和刘胜祥两种分类方法的基础上,根据酒鬼酒地理生态环境保护区的具体情况和开发利用前景,将保护区植物资源按用途划分为药用植物资源、食用植物资源、工业用植物资源、环保植物资源、有毒植物资源和珍稀植物资源共 6 个大类。

1. 药用植物资源

药用植物是指含有药用成分,具有医疗用途,可以作为植物性药物开发利用的一群植物,其植株的全部或一部分供药用或作为制药工业的原料。药用植物在保护人们身体健康方面发挥着重要的作用。酒鬼酒地理生态环境保护区内药用植物资源非常丰富,共有 363 种,占保护区植物总数的 89.19％,典型的有鱼腥草（*Houttuynia cordata*）、毛山蒟（*Piper martinii*）、胡桃（*Juglans regia*）、白栎（*Quercus fabri*）、构棘（*Maclura cochinchinensis*）、葎草、苎麻、蝎子草（*Girardinia suborbiculata*）、冷水花、雾水葛（*Pouzolzia zeylanica*）、弹裂碎米荠（*Cardamine impartiens*）、中南鱼藤、红花酢浆草（*Oxalis corymbosa*）、崖椒、冻绿（*Rhamnus utilis*）、多毛小蜡（*Ligustrum sinense*）、附地菜（*Trigonotis peduncularis*）、剪刀草（*Clinopodium gracile*）、母草（*Lindernia crustacea*）、忽地笑（*Lycoris aurea*）、瓦韦（*Lepisorus thunbergianus*）、顶芽狗脊（*Woodwardia unigemmata*）、薄叶卷柏（*Selaginella delicatula*）、半边旗（*Pteris semipinnata*）、万年青（*Rohdea japonica*）、吉祥草（*Reineckia carnea*）、四川蜘蛛抱蛋（*Aspidistra sichuanensis*）、杜若（*Pollia japonica*）、虎掌（*Pinellia pedatisecta*）、淡竹叶（*Lophatherum gracile*）、苍耳（*Xanthium sibiricum*）、腺梗豨莶（*Siegesbeckia pubescens*）、华麻花头（*Serratula chinensis*）、千里光、白头婆（*Eupatorium japonicum*）、鳢肠（*Eclipta prostrata*）、石胡荽（*Centipeda minima*）、金盏银盘（*Bidens biternata*）、藿香蓟（*Ageratum conyzoides*）、日本续断（*Dipsacus japonicus*）、爵床（*Rostellularia procumbens*）、日本蛇根草（*Ophiorrhiza japonica*）、南赤爮（*Thladiantha nudiflora*）、绞股蓝

(*Gynostemma pentaphyllum*)、半蒴苣苔(*Hemiboea henryi*)、苦蘵(*Physalis angulata*)、贵州鼠尾草(*Salvia cavaleriei*)、小鱼仙草(*Mosla dianthera*)、活血丹(*Glechoma longituba*)、马蹄金(*Dichondra repens*)、牛皮消(*Cynanchum auriculatum*)、薄片变豆菜(*Sanicula lamelligera*)、紫花地丁(*Viola philippica*)、火焰草(*Sedum stellariifolium*)、华中五味子(*Schisandra sphenanthera*)、刻叶紫堇(*Corydalis incisa*)、光枝勾儿茶(*Berchemia polyphylla*)、崖花海桐(*Pittosporum illicioides*)、软条七蔷薇(*Rosa henryi*)、杜仲(*Eucommia ulmoides*)、肖梵天花(*Urena lobata*)、土人参(*Talinum paniculatum*)、元宝草(*Hypericum sampsonii*)等等。药用植物种类繁多,其药用部分各不相同,酒鬼酒地理生态环境保护区药用植物按入药部位的不同,可分为全草类、地上部分类、树脂类、根茎类、皮类、枝叶类、种子类、花及果实类等。

2. 食用植物资源

食用植物包括直接食用和间接食用的植物,可分为野生蔬菜植物、食用油料植物、淀粉植物和野生水果植物等8个大类。酒鬼酒地理生态环境保护区食用植物共有13种,占保护区植物总数的3.19%,它们分别是板栗、山胡椒、腺药珍珠菜(*Lysimachia stenosepala*)、太平鳞毛蕨(*Dryopteris pacifica*)、华南美丽葡萄(*Vitis bellula*)、桑树(*Morus alba*)、宜昌橙(*Citrus ichangensis*)、刺葡萄(*Vitis davidii*)、魔芋(*Amorphophallus rivieri*)、桃(*Amygdalus persica*)、枇杷、京梨猕猴桃(*Actinidia callosa*)和大野芋(*Colocasia gigantea*)。上述食用植物的食用部位主要为嫩叶和果实。保护区野生饲用植物主要有弹裂碎米荠、异堇叶碎米荠(*Cardamine violifolia*)、野燕麦(*Avena fatua*)、救荒野豌豆(*Vicia sativa*)和鹅观草等等。野生食用植物资源一直是人类和野生动物的主要食物来源,酒鬼酒地理生态环境保护区已经开发和利用的食用植物不多。因此,大力发展和利用保护区野生食用植物资源具有重要意义。

3. 工业用植物资源

工业用植物资源主要包括木材植物、纤维植物、工业用油料植物、芳香植物和染料植物等。我们的日常用品中,许多都是由植物原料制成的。例如,来源于树的木材,用途非常广泛,可用来建造房屋,可以制成纸张。橡胶是工业常用的一种原料。酒鬼酒地理生态环境保护区工业用植物共有31种,占保护区植物总数的7.62%,常见的有化香树(*Platycarya strobilacea*)、枫杨(*Pterocarya stenoptera*)、桤木(*Alnus cremastogyne*)、麻栎(*Quercus acutissima*)、苎麻、黑壳楠(*Lindera megaphylla*)、黄檀(*Dalbergia hupeana*)、枳椇和柞木等等。

4. 环保植物资源

环保植物资源是指抗污染植物资源和环境监测植物资源的总称,对生态环境的保护能起到积极作用。比如有水土保持、防风固沙、指示、绿化和观赏等价值的植物,统称为环保植物资源,环保植物是保护区的一种特色植物资源。酒鬼酒地理生态环境保护区环保植物共有20种,占保护区植物总数的4.91%,比较典型的有垂柳(*Salix babyLonica*)、珊瑚朴(*Celtis julianae*)、朴树、异叶榕(*Ficus heteromorpha*)、矮冷水花(*Pilea peploides*)、绿穗苋、绣球藤(*Clematis montana*)、二球悬铃木(*Platanus acerifolia*)、野蔷薇、山麻杆、紫槭(*Acer cordatum*)、黄连木、灯台树(*Bothrocaryum controversum*)、醉鱼草(*Buddleja lindleyana*)、六叶葎(*Galium asperuloides*)、粉团(*Viburnum plicatum*)、三枝九叶草(*Epimedium sagittatum*)、茅叶荩草(*Arthraxon lanceolatus*)、多花黄精(*Polygonatum cyrtonema*)和忽地笑等等。酒鬼酒地理生态环境保护区内的这些环保植物以草本植物和木本植物为主,其根系有助于水土保持。

5. 有毒植物资源

有毒植物广泛分布在自然界,是自然界不可缺少的一部分。许多有毒植物是重要的经济植物或具有潜在的经济价值,是人类生产、生活不可缺少的自然资源。酒鬼酒地理生态环境保护区有毒植物共有4种,占保护区植物总数的0.98%,它们分别是红鳞扁莎草(*Pycreus sanguinolentus*)、菖蒲(*Acorus calamus*)、粗糠柴(*Mallotus philippensis*)和珊瑚樱(*Solanum pseudocapsicum*)。对酒鬼酒地理生态环境保护区内有毒植物资源进行统计分析,不仅有利于降低有毒植物对人、畜造成的毒害,而且对化毒为利、促进保护区资源的开发与利用等均具有重要意义。

6. 珍稀植物资源

酒鬼酒地理生态环境保护区列入《国家重点保护野生植物名录》中Ⅱ级重点保护植物的有金荞麦(*Fagopyrum dibotrys*)、野大豆(*Glycine soja*)和宜昌橙。保护区内森林植物资源丰富,至今仍保留了不少珍贵树种和古树名木,它们分别是枫香树、朴树、黑壳楠、椤木石楠、刺楸和香椿(*Toona sinensis*)等。建议进一步完善古树名木保护措施,切实保持保护区珍贵物种的丰富性。保护好酒鬼酒地理生态环境保护区内的古树名木不仅具有深远的历史意义,而且也有重大的科学研究价值和观赏价值。

第九章　保护区植物区系多样性

植物多样性(plant diversity)是生物多样性中以植物为主体,由植物、植物与环境之间所形成的复合体及与此相关的生态过程的总和,它是生物多样性的重要组成部分。近年来,植物多样性的研究与保护已成为生态学的一个热点并逐步深入到工业园区产业实际,但有关酒类生态功能保护区植物多样性方面的研究,除茅台酒外,其他酒类尚未见报道。

植物区系多样性是植物多样性的重要研究领域,是阐述植物多样性宏观格局与生态功能的基础。经过实地调查,对酒鬼酒地理生态环境保护区植物区系多样性开展研究,可为保护区植物多样性深入研究提供最基本的参考资料,亦可为阐述酒鬼酒风味与品质以及保护区资源的保护与利用提供科学依据。

一、研究方法

在 2012—2013 年期间,本研究团队分不同季节(春、夏、秋、冬),先后 4 次对酒鬼酒地理生态环境保护区植物种类进行全面的调查。调查采用野外调查和室内研究相结合的方法进行。野外调查在不破坏酒鬼酒地理生态环境保护区生态环境的前提下,除采集部分植物制作标本,其余都以拍摄照片的方式进行植物资料的收集和鉴定。调查中详细记载酒鬼酒地理生态环境保护区植物的种类、数量、生活型、攀缘方式和生长环境等相关内容。室内研究包括查阅《中国植物志》《湖南树木志》《湖南种子植物总览》《中国被子植物科属综论》等工具书以及相关公开发表的论文,对酒鬼酒地理生态环境保护区植物的多样性进行了数据统计及分析。

二、结果与分析

根据实地调查统计,酒鬼酒地理生态环境保护区共有维管束植物 109 科、296 属、407 种。可见该区面积不大,但植物种类相对丰富。在所调查植物中,蕨类植物有 15 科、26 属、35 种,种子植物有 94 科、270 属、372 种,其中裸子植物有 3 科、3 属、3 种,被子植物有 91 科、267 属、369 种(见表 9.1),被子植物占绝对优势,是该区植物多样性的主体。

表 9.1 酒鬼酒地理生态环境保护区植物科属种的数量统计

类群	科	百分比（%）	属	百分比（%）	种	百分比（%）
蕨类植物	15	13.76	26	8.78	35	8.60
裸子植物	3	2.75	3	1.02	3	0.74
被子植物	91	83.49	267	90.20	369	90.66
合计	109	100.00	296	100.00	407	100.00

酒鬼酒地理生态环境保护区蕨类植物科、属、种分别占湖南省植物科、属、种的28.30%、17.45%和4.88%。保护区内维管束植物的科、属、种数量占全国的比例是随着植物分类级别的提高而提高的,说明酒鬼酒地理生态环境保护区的植物区系组成异常复杂且具多样性。

1. 科的多样性构成

根据酒鬼酒地理生态环境保护区各科的统计,将科共分为5级,见表9.2。科内属的组成见表9.3。

表 9.2 酒鬼酒地理生态环境保护区植物科所含种数的统计

科含种数	科数	占总科数比例（%）	种数	占总种数比例（%）
含1种	42	38.53	42	10.32
含2~5种	46	42.20	136	33.42
含6~10种	15	13.76	119	29.24
含11~20种	4	3.67	58	14.25
含20种及以上	2	1.83	52	12.78
总计	109	100.00	407	100.00

如表9.2所示,酒鬼酒地理生态环境保护区植物含20种以上的大型科有2科(占总科数的1.83%),即禾本科(Gramineae)和菊科(Compositae),包含52种(占总种数的12.78%);含11~20种的大型科有蔷薇科(Rosaceae)、豆科(Leguminosae)、大戟科(Euphorbiaceae)和唇形科(Labiatae)共4科(占总科数的3.67%),包含58种(占总种数的14.25%);含6~10种的中等科有15科(占总科数的13.76%),包含119种(占总种数的29.24%),表现为科所占比例小而种所占比例较大;含2~5种的科有46科(占总科数的42.20%),包含136种(占总种数的33.42%);含1种的单种科有42科(占总科数的38.53%、总种数的10.32%),表现为所占总种数的比例虽然不高,但是科数却较多,说明该保护区维管束植物多样性分化显著。

优势科是种类众多并且能够在植物群落中起建群作用的科,它们在一定程度上可以反映植物区系的组成、性质、结构和特点。经调查发现,酒鬼酒地理生态环境保护区包含10种及以上的优势科有9个,它们分别是荨麻科(Urticaceae)、唇形科、茜草科(Rubiaceae)、毛茛科(Ranunculaceae)、蔷薇科、豆科、大戟科、禾本科和菊科。这些优势科仅占总科数的8.26%,但所含属数却占总属数的34.80%,所含种数则占总种数的34.40%。可见虽然保护区所含 10 种以上植物的科只有 9 个,但其所含属数、种数占总属数和总种数的比例是较高的,说明这 9 个科在保护区植物多样性中的重要作用,构成了保护区植物多样性的主体。

表 9.3 酒鬼酒地理生态环境保护区植物科内属的组成

科内含属数	科数	占总科数(%)	属数	占总属数(%)
含 10 属及以上	4	3.67	68	22.97
含 5~9 属	10	9.17	64	21.62
含 2~4 属	38	34.86	107	36.15
含 1 属	57	52.29	57	19.26
合计	109	100.00	296	100.00

由表 9.3 可以看出,酒鬼酒地理生态环境保护区植物组成中各科所含属数差异悬殊,含 10 属及以上的科有菊科、禾本科、豆科和唇形科 4 科(占总科数的 3.67%),共 68 属(占总属数的 22.97%),在酒鬼酒地理生态环境保护区植物区系组成中占有重要位置;含 5~9 属的科有 10 科,它们是伞形科(Umbelliferae)、茜草科、桑科(Moraceae)、蓼科(Polygonaceae)、玄参科(Scrophulariaceae)、葡萄科(Vitaceae)、荨麻科、蔷薇科、百合科(Liliaceae)和大戟科,占总科数的 9.17%,共有 64 属(占总属数的 21.62%),表明它们在酒鬼酒地理生态环境保护区植物区系组成中也占有较重要的地位;含 2~4 属的科有 38 科,占总科数的 34.86%,共有属数 107 个(占总属的 36.15%);含 1 属的单种科有 57 科,占总科数的 52.29%,共有属数 57 个(占总属数的 19.26%),在酒鬼酒地理生态环境保护区植物区系组成中占次要地位。

2. 属的多样性构成

酒鬼酒地理生态环境保护区植物共有 296 属,根据保护区各属所含种数统计,分为含 1 种的单种属、含 2~5 种的小种属及 6 种及以上的中大属(见表 9.4)。

表 9.4 酒鬼酒地理生态环境保护区植物属的统计

属内含种数	属数	占总属数比例(%)	种数	占总种数比例(%)
含 1 种	227	76.69	227	55.77
含 2~5 种	67	22.64	168	41.28
含 6 种及以上	2	0.68	12	2.95
总计	296	100.00	407	100.00

由表 9.4 可知,酒鬼酒地理生态环境保护区植物中含 6 种及以上的属仅有铁线莲属(Clematis)和悬钩子属(Rubus),占总属数 0.68%,共 12 种(占总种数的 2.95%);保护区含 2~5 种的属有 67 属(占总属数的 22.64%),典型的有翅果菊属(Pterocypsela)、腹水草属(Veronicastrum)、卷柏属(Selaginella)和山胡椒属(Lindera)等,共有 168 种(占总种数的 41.28%);保护区含 1 种的单种属共 227 属(占总属数的 76.69%),主要有粉条儿菜属(Aletris)、何首乌属(Fallopia)、虎耳草属(Saxifraga)和黄鹌菜属(Youngia)等,共有 227 种(占总

种数的 55.77％)。含 1 种的单种属和含 2~5 种的属两者合计所含的属数占了所有属数的 95％ 以上,其中所含的种数占所有种总数的 90％ 以上,说明酒鬼酒地理生态环境保护区植物区系组成的古老性和稳定性。从表 9.4 还可以得出,保护区属内种的组成特点和科内种的组成特点相似,即较少的属含较多的种数,而较多的属却含较少的种数。

3. 属的分布类型

在植物区系学上,属比科能更好地反映出植物系统发育过程中的进化分化情况和地区性特征。为进一步认识该区植物区系成分的特点,依据吴征镒关于中国种子植物属的分布区类型的划分方法,特将代表酒鬼酒地理生态环境保护区植物主体的 270 属种子植物划分为 15 个分布区类型加以分析(见表 9.5)。

表 9.5　酒鬼酒地理生态环境保护区种子植物属的分布区类型

分布区类型	属数	比例(％)
1. 世界分布	33	—
2. 泛热带分布	55	23.21
3. 热带亚洲和热带美洲间断分布	8	3.38
4. 旧世界热带分布	14	5.91
5. 热带亚洲至热带大洋洲分布	7	2.95
6. 热带亚洲至热带非洲分布	11	4.64
7. 热带亚洲分布	20	8.44
8. 北温带分布	42	17.72
9. 东亚和北美洲间断分布	19	8.02
10. 旧世界温带分布	17	7.17
11. 温带亚洲分布	2	0.84
12. 地中海、西亚至中亚分布	2	0.84
13. 中亚分布	0	0.00
14. 东亚分布	35	14.77
15. 中国特有分布	5	2.11
总计	237(不包含世界分布)	100.00

注:计算本区中各分布类型所含属占保护区总属的百分比时,总属数不包括世界分布型的属数。

(1) 世界分布

酒鬼酒地理生态环境保护区中世界分布共有 33 个属,典型的如酢浆草属(*Oxalis*)、珍珠菜属(*Lysimachia*)、银莲花属(*Anemone*)、千里光属(*Senecio*)等。该类型主要是草本植物,它们在酒鬼酒地理生态环境保护区中非常常见,常为分布在林缘、路边的杂草,它们大多是保护区森林中的灌木层和藤本层的重要组成成分。

（2）热带分布

酒鬼酒地理生态环境保护区中热带分布有 115 属。其中,泛热带分布包含了本区种子植物的 55 个属,占总属数的 23.21％,如泽兰属(*Eupatorium*)、黄檀属(*Dalbergia*)、积雪草属(*Centella*)、木防己属(*Cocculus*)等,该类型在整个区系中所占比例和北温带成分相当,主要以藤本植物为主。热带亚洲和热带美洲间断分布类型有 8 个属,占总属的 3.38％,典型的有木姜子属(*Litsea*)、落葵薯属(*Anredera*)、雀梅藤属(*Sageretia*)和紫茉莉属(*Mirabilis*)等,主要是以草本植物为主。旧世界热带分布型有 14 个属,占总属的 5.91％,如八角枫属(*Alangium*)、野桐属(*Mallotus*)、吴茱萸属(*Evodia*)、老虎刺属(*Pterolobium*),其中木本植物较丰富。热带亚洲至热带大洋洲分布类型有 7 属,占总属的 2.95％,典型的有通泉草属(*Mazus*)、紫薇属(*Lagerstroemia*)、蜈蚣草属(*Eremochloa*)、野扁豆属(*Dunbaria*)等,主要以乔木和草本植物为主。热带亚洲至热带非洲分布类型有 11 属,占总属的 4.64％,主要包括赤瓟属(*Thladiantha*)、大豆属(*Glycine*)、水麻属(*Debregeasia*)、常春藤属(*Hedera*)等,其中以草本植物较为丰富。热带亚洲分布型有 20 属,占总属的 8.44％,有鸡矢藤属(*Paederia*)、山胡椒属、柑橘属(*Citrus*)、野扇花属(*Sarcococca*)等。

（3）温带分布

酒鬼酒地理生态环境保护区种子植物中温带成分有 117 个属。其中,北温带分布型有 42 属,占保护区总属的 17.72％,典型的有虎耳草属、画眉草属(*Eragrostis*)、苦苣菜属(*Sonchus*)、漆姑草属(*Sagina*)等。东亚和北美洲间断分布型有 19 属,占总属 8.02％,如络石属(*Trachelospermum*)、腹水草属、十大功劳属(*Mahonia*)、长柄山蚂蝗属(*Podocarpium*)等。旧世界温带分布型有 17 属,占保护区总属的 7.17％,主要包括麻花头属(*Serratula*)、川续断属(*Dispsacus*)、天名精属(*Carpesium*)、夏至草属(*Lagopsis*)等。温带亚洲分布型有 2 属,占保护区总属 0.84％,它们是马兰属(*Kalimeris*)和附地菜属(*Trigonotis*),均为多年生草本植物。地中海、西亚至中亚分布型有 2 属(占保护区 0.84％),它们是颠茄属(*Atropa*)和黄连木属(*Pistacia*)。东亚分布型有 35 属,占总属数的 14.77％。典型的有五加属(*Acanthopanax*)、黄鹌菜属、猕猴桃属(*Actinidia*)、石荠苎属(*Mosla*)等。

（4）中国特有分布

酒鬼酒地理生态环境保护区中国特有分布有 5 属。其中裸子植物有杉属(*Cunninghamia*),被子植物有枳属(*Poncirus*)、杜仲属(*Eucommia*)、裸蒴属(*Gymnotheca*)、蜡梅属(*Chimonanthus*),其中杜仲科(Eucommiaceae)为典型的单型科属,在系统发育上处于相对孤立的位置。结合这些特有属在地理分布、生态适应性以及植物生物学上的独特情况,这很有可能是属的古老性的表现。酒鬼酒地理生态环境保护区种子植物中这些属的存在一定程度上说明了保护区植物在起源上的古老性。

4. 生活型的多样性

生活型是根据植物对各种生态因素综合作用的适应特征而划分的植物类群,也就是说,生活型的形成是植物对相似环境条件趋同适应的结果,同一生活型的植物应具有相同或相似的外貌,一个地区植物生活型谱的组成与其生态环境的多样性密切相关。根据《中国植被》中的方法划分生活型,可将酒鬼酒生态保护区植物生活型划分为乔木、灌木、半灌木、木质藤本、草质藤本、多年生草本、一年生草本等(见表9.6)。

表9.6　酒鬼酒地理生态环境保护区植物生活型谱

生活型	主要特点	植物种数	占总种数的比例(%)
乔木	有明显主干,植株高度一般5 m以上	57	14.01
灌木	主干不明显,底部常发出多个枝干	71	17.44
半灌木	没有明显主干,植株较矮小,枝干丛生于地面	6	1.47
木质藤本	茎较柔弱,缠绵或依附其他物体上的木质茎植物	25	6.14
草质藤本	茎较柔弱,缠绵或依附其他物体上的草本茎植物	18	4.42
多年生草本植物	茎支持力较弱,具草质茎,生长周期为2年或多年	152	37.35
一年生草本植物	茎支持力较弱,具草质茎,生长周期通常为1年	78	19.16

根据表9.6分析可知,酒鬼酒地理生态环境保护区植物中共有乔木57种(占总种数的14.01%),典型树种有八角枫(*Alangium chinense*)、垂柳、灯台树、马尾松(*Pinus massoniana*)等;共有灌木71种(占17.44%),最常见的有全缘火棘(*Pyracantha atalantioides*)、长柄臭黄荆(*Premna puberula*)、山麻杆、台湾十大功劳等;半灌木有6种(占1.47%),典型的如接骨草(*Sambucus chinensis*)、牛皮消、肖梵天花等;木质藤本有25种(占6.14%),典型的如华清香藤、华中五味子、三叶木通(*Akebia trifoliata*)、网脉葡萄(*Vitis wilsonae*)等;有草质藤本18种,占总种数的4.42%,如鹿藿(*Rhynchosia volubilis*)、金剑草(*Rubia alata*)、乌蔹莓、三叶崖爬藤(*Tetrastigma hemsleyanum*)等;一年生草本植物有78种(占19.16%),主要有阿拉伯婆婆纳(*Veronica persica*)、通泉草、千根草(*Euphorbia thymifolia*)、小白酒草(*Conyza canadensis*)等;保护区多年生草本植物共有152种(占37.35%),以多枝雾水葛(*Pouzolzia zeylanica*)、高大翅果菊(*Pterocypsela elata*)、华麻花头、虎耳草(*Saxifraga stolonifera*)等最为常见。

三、结论与讨论

(1) 酒鬼酒地理生态环境保护区植物多样性比较丰富,共有109科、296属、407种。包括蕨类植物15科、26属、35种,种子植物94科、270属、372种,其中裸子植物3科、3属、3种,被子植物91科、267属、369种,被子植物占据了很大的数量优势。

(2) 在科的组成上,保护区植物组成中各科含属数差异悬殊,含10属及以上的科有4科,分别是菊科、禾本科、唇形科和豆科,它们在保护区植物区系组成中占据重要位置。优势科现象明显,保护区植物含种最多的优势科有禾本科、菊科、豆科、蔷薇科和大戟科等,这与我国南方亚热带地区植物区系中科的组成规律大致吻合。保护区科、属组成表现出明显优势性,较少的大科含有较多的属种,较多的小科含有较少的属种。

(3) 酒鬼酒地理生态环境保护区植物共有296属,含1种的单种属共227属,占所有属的76.69%,共有227种,占所有种的55.77%;含2~5种的小种属有67属,占所有属的

22.64%,共有168种,占所有种的41.28%;含1种的单种属和含2~5种的小种属合计占总属数的95%以上,所含种数占总种数的90%以上,单种属和小种属占据比例较高,说明酒鬼酒地理生态环境保护区植物区系组成的古老性和稳定性。

(4)酒鬼酒地理生态环境保护区种子植物属的分布区类型结构为世界分布33属、热带分布115属、温带分布117属、中国特有分布5属。热带成分与温带成分大致相当,中国特有分布具有一定代表性,一定程度上体现了该区作为德夯风景区植物区系边缘的性质以及作为酒鬼酒地理生态环境保护区内植物区系组成的多样性特点。

(5)酒鬼酒地理生态环境保护区植物生活型按种所占比例排序依次为多年生草本植物>一年生草本植物>灌木>乔木>木质藤本>草质藤本>半灌木。保护区多年生草本植物和一年生草本植物种类最多,灌木和乔木种类较多,木质藤本和草质藤本种类相对较少,半灌木种类甚少。

第十章 保护区典型植物群落特征

植物群落是在长期的历史过程中发展而成的植物复合体,是由集合在一起的植物相互间以及与别种生物间的作用,并经过长期的外界环境的作用而形成的。植物群落的结构特征取决于群落所在地的环境条件的特征。

作为酒鬼酒生态环境以及维系酒鬼酒风格与品质的有效屏障,保护区内的植物群落与环境的关系密不可分,而调查研究是了解这种关系及其功能不可或缺的重要环节。因此,深入分析酒鬼酒地理生态环境保护区内植物群落的结构、特征及功能,阐述其与环境之间的相互关系,对于了解酒鬼酒地理生态环境保护区内植物群落的组成性质、种群分布及其结构功能等方面都具有十分重要的现实意义。

一、研究方法

1. 样方设置

选取保护区内最具代表性的三个木本植物群落作为研究对象,调查时间为 2013 年 11 月。在实地调查的基础上,根据保护区三面环坡的地貌与植物多样性特点,在保护区内采用典型样地法共布置三个样地,对每个样地进行群落多样性调查,各样地情况详见表 10.1。取样面积为:乔木样地 20 m×20 m,乔木样地内设置 4 个 2 m×2 m 的灌木样方,灌木样方分布于样地四角;灌木样地内设置 4 个 1 m×1 m 的草本样方,草本样方随机分布于样地内。

① 乔木层:在样方内对乔木进行每木检尺,记录各植物的种名、胸径、树高、物候特征以及生长状况。

② 灌草层:记录灌木和更新层植物的种名、树高、盖度和株数以及生长状况。

③ 草本层:记录草本植物的种类和盖度。

调查中详细记录样地的地理位置、海拔高度、经纬度、坡度、坡向等环境数据。

表 10.1　各样地群落基本概况

样地编号	环境特征	群落名称	土壤类型	海拔（m）	经纬度	坡向	坡度	面积（m²）
1	位于公路旁,受人类活动干扰较多	樟叶槭林	黄棕壤	225	109°46′10.45″E 28°21′19.02″N	北偏东	20°	400

样地编号	环境特征	群落名称	土壤类型	海拔（m）	经纬度	坡向	坡度	面积（m²）
2	保护区龙泉附近,受人类活动干扰较少	猴樟林	黄棕壤	220	109°46′14.95″E 28°21′37.85″N	西偏南	25°	400
3	振武营村风水林,受人类活动干扰	刺楸林	黄壤	260	108°33′12.67″E 26°34′29.98″N	南	15°	400

2. 计算方法

重要值是用来表示种在群落中地位和作用的综合数量指标。酒鬼酒地理生态环境保护区群落物种多样性统一应用各个物种在该层(乔木层)中的重要值(V)这一综合指标来表达。考虑到样地居村寨或者公路附近,存在一定的干扰,故树木高度与盖度显得更为重要,因此采用修正后的重要值计算公式:

乔木层:$V_乔$ ＝(相对多度+相对显著度+相对高度+相对盖度)÷4

采用 Shannon-Wiener 指数(H)及 Pielou 指数(J)比较酒鬼酒地理生态环境保护区不同样地植物群落的物种丰富度及均匀度。具体计算公式如下:

$$H = \sum \frac{(N_i/N)}{\ln(N_i/N)}$$

$$J = \frac{H}{\ln S}$$

式中:N——观察到的总个体数;

　　　S——群落中的总种数;

　　　N_i——第 i 种的个体总数。

二、结果与分析

1. 群落植物种类组成

（1）乔木层植物种类组成

调查酒鬼酒地理生态环境保护区 1 号样地,发现乔木有 15 个种(占该样地总种数的 44.21%),隶属 14 科、15 属,该样地乔木共 53 株,主要是板栗、苦楝、女贞和樟叶槭等。保护区 2 号样地中共有乔木 4 个种(占该样地总种数的 15.38%),隶属 3 科、3 属,值得一提的是,2 号样地中猴樟十分丰富,共有 24 株,此外还有樟、棕榈和乌柏。保护区 3 号样地中共有乔木 10 个种(占该样地总种数的 34.48%),隶属 8 科、10 属,主要有枫香树、山胡椒、梧桐和刺楸等。保护区所有样地乔木层植物群落物种组成见表 10.2。

表 10.2 乔木层植物种类组成

种	拉丁名	科	属
猴樟	*Cinnamomum bodinier*	樟科 Lauraceae	樟属 *Cinnamomum*
樟	*Cinnamomum camphora*	樟科 Lauraceae	樟属 *Cinnamomum*
山胡椒	*Lindera glauca*	樟科 Lauraceae	山胡椒属 *Lindera*
豹皮樟	*Litsea coreana*	樟科 Lauraceae	木姜子属 *Litsea*
黄连木	*Pistacia chinensis*	漆树科 Anacardiaceae	黄连木属 *Pistacia*
野漆树	*Toxicodendron sylvestre*	漆树科 Anacardiaceae	漆属 *Toxicodendron*
樟叶槭	*Acer cinnamomifolium*	槭树科 Aceraceae	槭属 *Acer*
乌桕	*Sapium sebiferum*	大戟科 Euphorbiaceae	乌桕属 *Sapium*
板栗	*Castanea mollissima*	壳斗科 Fagaceae	栗属 *Castanea*
女贞	*Ligustrum lucidum*	木犀科 Oleaceae	女贞属 *Ligustrum*
算盘竹	*Indosasa glabrata*	禾本科 Gramineae	大节竹属 *Indosasa*
刺楸	*Kalopanax septemlobus*	五加科 Araliaceae	刺楸属 *Kalopanax*
椤木石楠	*Photinia davidsoniae*	蔷薇科 Rosaceae	石楠属 *Photinia*
苦楝	*Melia azedarach*	楝科 Meliaceae	楝属 *Melia*
枫香树	*Liquidambar formosana*	金缕梅科 Hamamelidaceae	枫香树属 *Liquidambar*
朴树	*Celtis sinensis*	榆科 Ulmaceae	朴属 *Celtis*
构树	*Broussonetia papyrifera*	桑科 Moraceae	构属 *Broussonetia*
棕榈	*Trachycarpus fortunei*	棕榈科 Palmae	棕榈属 *Trachycarpus*
梧桐	*Firmiana platanifolia*	梧桐科 Sterculiaceae	梧桐属 *Firmiana*
黄檀	*Dalbergia hupeana*	豆科 Leguminosae	黄檀属 *Dalbergia*
柚	*Citrus maxima*	芸香科 Rutaceae	柑橘属 *Citrus*
枳椇	*Hovenia dulcis*	鼠李科 Rhamnaceae	枳椇属 *Hovenia*

由表 10.2 可知,酒鬼酒地理生态环境保护区各样地乔木植物群落共有 22 个物种,隶属 18 科、21 属。其中,包含物种最多的为樟科(Lauraceae),有 4 个物种,其次为漆树科(Anacardiaceae),有 2 个物种,其余科分别仅有 1 种植物。

（2）灌木层植物种类组成

调查酒鬼酒地理生态环境保护区 1 号样地,发现灌木有 13 个种(占该样地总种数的 38.23%),隶属 13 科、13 属,共有 55 株,主要包括朴树、豹皮樟(*Litsea coreana*)、箬竹和乌桕等植物,这些灌木中有些是乔木的幼苗。保护区 2 号样地共有灌木 9 个种(占该样地总种数的 34.62%),隶属 8 科、9 属,主要包括华南十大功劳、地枇杷、苎麻和绒毛山胡椒等。保护区 3 号样地中共有灌木 11 个种(占该样地总种数的 37.93%),隶属 10 科、11 属,除了箬竹外,样地中出现的山麻杆、紫金牛、六月雪和华南十大功劳等也占绝对优势。酒鬼酒地理生态环境保护区所有样地灌木层植物群落物种组成见表 10.3。

表 10.3　灌木层植物种类组成

种名	拉丁名	科名	属名
山麻杆	*Alchornea davidii*	大戟科 Euphorbiaceae	山麻杆属 *Alchornea*
乌桕	*Sapium sebiferum*	大戟科 Euphorbiaceae	乌桕属 *Sapium*
杠香藤	*Mallotus repandus*	大戟科 Euphorbiaceae	野桐属 *Mallotus*
椤木石楠	*Photinia davidsoniae*	蔷薇科 Rosaceae	石楠属 *Photinia*
金樱子	*Rosa laevigata*	蔷薇科 Rosaceae	蔷薇属 *Rosa*
小构树	*Broussonetia kazinoki*	桑科 Moraceae	构属 *Broussonetia*
地枇杷	*Ficus tikoua*	桑科 Moraceae	榕属 *Ficus*
豹皮樟	*Litsea coreana*	樟科 Lauraceae	木姜子属 *Litsea*
绒毛山胡椒	*Lindera nacusua*	樟科 Lauraceae	山胡椒属 *Lindera*
油茶	*Camellia oleifera*	茶科 Theaceae	山茶属 *Camellia*
白簕	*Acanthopanax trifoliatus*	五加科 Araliaceae	五加属 *Acanthopanax*
北清香藤	*Jasminum lanceolarium*	木犀科 Oleaceae	素馨属 *Jasminum*
大叶白纸扇	*Mussaenda esquirolii*	茜草科 Rubiaceae	玉叶金花属 *Mussaenda*
华南十大功劳	*Mahonia japonica*	小檗科 Berberidaceae	十大功劳属 *Mahonia*
六月雪	*Serissa japonica*	茜草科 Rubiaceae	白马骨属 *Serissa*
毛女贞	*Ligustrum groffiae*	木犀科 Oleaceae	女贞属 *Ligustrum*
朴树	*Celtis sinensis*	榆科 Ulmaceae	朴属 *Celtis*
箬竹	*Indocalamus tessellatus*	禾本科 Gramineae	箬竹属 *Indocalamus*
柚	*Citrus maxima*	芸香科 Rutaceae	柑橘属 *Citrus*
柞木	*Xylosma racemosum*	刺篱木科 Flacourtiaceae	柞木属 *Xylosma*
枳椇	*Hovenia dulcis*	鼠李科 Rhamnaceae	枳椇属 *Hovenia*
苎麻	*Boehmeria nivea*	荨麻科 Urticaceae	苎麻属 *Boehmeria*
紫金牛	*Ardisia japonica*	紫金牛科 Myrsinaceae	紫金牛属 *Ardisia*
棕榈	*Trachycarpus fortunei*	棕榈科 Palmae	棕榈属 *Trachycarpus*

由表 10.3 可以看出,酒鬼酒地理生态环境保护区各样地灌木植物群落共有 24 个物种,隶属 17 科、24 属。其中,包含物种最多的为大戟科,有 3 个物种,其次为茜草科、蔷薇科、桑科、木犀科和樟科,均有 2 个物种,其余科分别仅有 1 种植物。

（3）草本层植物种类组成

调查酒鬼酒地理生态环境保护区 1 号样地,发现草本植物有 16 个种(占该样地总种数的 47.06%),隶属 11 科、14 属,典型的有三穗苔草、商陆、黄花蒿和一年蓬等。2 号样地共有草本植物 13 个种(占该样地总种数的 50.00%),隶属 12 科、13 属,典型的有麦冬、中日金星蕨、鸭儿芹（*Cryptotaenia japonica*）和过路黄等,其中麦冬数量相当丰富,共有 770 株,其次是芒萁,共有 117 株。3 号样地中共有草本植物 8 个种(占该样地总种数的 27.59%),隶属 7 科、8 属,共有 197 株,除蝴蝶花以外,样地中出现的筋骨草、千里光、三脉紫菀和油菜(*Brassica campestris*)等草本植物也较为丰富。酒鬼酒地理生态环境保护区所有样地草本层植物群落物种组成见表 10.4。

表 10.4　草本层植物种类组成

种名	拉丁名	科名	属名
黄花蒿	*Artemisia annua*	菊科 Compositae	蒿属 *Artemisia*
魁蒿	*Artemisia princeps*	菊科 Compositae	蒿属 *Artemisia*
马兰	*Kalimeris indica*	菊科 Compositae	马兰属 *Kalimeris*
千里光	*Senecio scandens*	菊科 Compositae	千里光属 *Senecio*
天名精	*Carpesium abrotanoides*	菊科 Compositae	天名精属 *Carpesium*
野茼蒿	*Crassocephalum crepidioides*	菊科 Compositae	野茼蒿 *Crassocephalum*
三脉紫菀	*Aster trinervius* subsp. *agera-toides*	菊科 Compositae	紫菀属 *Aster*
一年蓬	*Erigeron annuus*	菊科 Compositae	飞蓬属 *Erigeron*
白苏	*Perilla frutescens*	唇形科 Labiatae	紫苏 *Perilla*
筋骨草	*Ajuga ciliata*	唇形科 Lamiaceae	筋骨草属 *Ajuga*
三穗苔草	*Carex tristachya*	莎草科 Cyperaceae	苔草属 *Carex*
苔草	*Carex tristachya*	莎草科 Cyperaceae	苔草属 *Carex*
槲蕨	*Drynaria roosii*	山茱萸科 Cornaceae	槲蕨属 *Drynaria*
腹水草	*Veronicastrum stenostachyum*	玄参科 Scrophulariaceae	腹水草 *Veronicastrum*
华中铁角蕨	*Asplenium sarelii*	铁角蕨科 Aspleniaceae	铁角蕨属 *Asplenium*
海金沙	*Lygodium japonicum*	海金沙科 Lygodiaceae	海金沙属 *Lygodium*
过路黄	*Lysimachia christinae*	报春花科 Primulaceae	珍珠菜属 *Lysimachia*
蝴蝶花	*Iris japonica*	鸢尾科 Iridaceae	鸢尾属 *Iris*
半夏	*Pinellia ternata*	天南星科 Araceae	半夏属 *Pinellia*
辣蓼	*Polygonum hydropiper*	蓼科 Polygonaceae	蓼属 *Polygonum*
龙葵	*Solanum nigrum*	茄科 Solanaceae	茄属 *Solanum*
牛膝	*Achyranthes bidentata*	苋科 Amaranthaceae	牛膝属 *Achyranthes*
麦冬	*Ophiopogon japonicus*	百合科 Liliaceae	沿阶草属 *Ophiopogon*
芒萁	*Dicranopteris dichotoma*	里白科 Gleicheniaceae	芒萁属 *Dicranopteris*
平车前	*Plantago depressa*	车前科 Plantaginaceae	车前属 *Plantago*
阔鳞鳞毛蕨	*Dryopteris championii*	鳞毛蕨科 Dryopteridaceae	鳞毛蕨属 *Dryopteris*
商陆	*Phytolacca acinosa*	商陆科 Phytolaccaceae	商陆属 *Phytolacca*

种名	拉丁名	科名	属名
铁苋菜	*Acalypha australis*	大戟科 Euphorbiaceae	铁苋菜属 *Acalypha*
尖叶长柄山蚂蝗	*Podocarpium podocarpum*	豆科 Leguminosae	长柄山蚂蝗属 *Podocarpium*
鸭儿芹	*Cryptotaenia japonica*	伞形科 Umbelliferae	鸭儿芹属 *Cryptotaenia*
条叶榕	*Ficus pandurata*	桑科 Moraceae	榕属 *Ficus*
中日金星蕨	*Parathelypteris nipponica*	金星蕨 Thelypteridaceae	金星蕨属 *Parathelypteris*
珠芽景天	*Sedum bulbiferum*	景天科 Crassulaceae	景天属 *Sedum*
油菜	*Brassica campestris*	十字花科 Cruciferae	芸苔属 *Brassica*

由表 10.4 可知,酒鬼酒地理生态环境保护区各样地草本植物共有 34 个物种,隶属 25 科、32 属。其中,物种最多的是菊科,有 8 个物种,位居第二的为唇形科和莎草科,均有 2 个物种,其余科分别仅有 1 种植物。

2. 群落的结构特征分析

(1)各垂直层的高度与个体密度

酒鬼酒地理生态环境保护区植物群落结构在垂直结构上主要分为乔木层、灌木层和草本层,各样地植物群落中各层次平均高度及密度比较分析见表 10.5。

表 10.5　群落中各层次平均高度及密度比较

样地	乔木层			灌木层			草本层		
	密度 (株/m²)	平均 高度(m)	物种 数量(株)	密度 (株/m²)	平均 高度(m)	物种 数量(株)	密度 (株/m²)	平均 高度(m)	物种 数量(株)
1	0.13	7.81	53	13.75	1.43	55	21.50	0.38	86
2	0.08	9.35	31	14.00	0.97	56	240.00	0.26	960
3	0.05	16.61	18	42.25	1.25	169	49.25	0.31	197

经样地调查后发现,样地 1 乔木层从群落外观上可以分为 2 层,第一层 8～16 m,主要有椤木石楠、樟叶槭、豹皮樟、朴树和板栗等,第二层 3～7 m,以女贞、算盘竹、枳椇和黄檀等为优势种。该样地乔木层平均高度为 7.81 m,密度为 0.13 株/m²。灌木层平均高度为 1.43 m,密度为 13.75 株/m²。草本层平均高度为 0.38 m,密度为 21.50 株/m²。样地 2 乔木层平均高度为 9.35 m,密度为 0.08 株/m²。灌木层平均高度为 0.97 m,密度为 14.00 株/m²。草本层平均高度为 0.26 m,密度为 240.00 株/m²。样地 3 受人为干扰较多,该样地乔木层平均高度达 16.61 m,是所有样地中最高的,密度为 0.05 株/m²。灌木层平均高度达 1.25 m,密度为 42.25 株/m²。草本层平均高度为 0.31,密度为 49.25 株/m²。保护区样地 1 以草本层的密度最大,为 21.50 株/m²。样地 2 同样以草本层的密度最大,为 240.00 株/m²,该样地草本植物植株比较矮小,有利于更多的个体植物同时生存。样地 3 还是以草本层的密度最大,为 49.25 株/m²。通过比较可以发现保护区样地 2 草本层密度远远大于样地 3 和样地 1

草本层密度,这主要是由于该样地土壤比较肥沃,生境异质性高,阳光较为充足,适合草本植物的生长。

从表10.5还可以看出,酒鬼酒地理生态环境保护区所有样地共有乔木102株,乔木层植物数量最多的为猴樟,共有25株,其次为板栗、乌桕、豹皮樟和女贞等;所有样地共有灌木280株,数量最多的植物为箬竹,共有74株,其次为紫金牛和华南十大功劳,分别有40株和36株;所有样地共有草本植物1 243株,草本层植物数量最多的为麦冬,共有770株,其次为蝴蝶花、芒萁和鸭儿芹,分别有155株、117株和30株。

就各具体的样地来看,其数量各有差异。样地1共有乔木53株(占该样地总株数的27.32%),灌木55株(占该样地总株数的28.35%),草本86株(占该样地总株数的44.33%);样地2共有乔木31株(占该样地总株数的2.96%),灌木56株(占该样地总株数的5.35%),草本960株(占该样地总株数的91.69%);样地3共有乔木18株(占该样地总株数的4.69%),灌木169株(占该样地总株数的44.01%),草本197株(占该样地总株数的51.30%)。酒鬼酒地理生态环境保护区不同群落结构配置对雨水的拦截、水土保持能力等均有不同的影响。

(2)乔木层物种的重要程度

为进一步了解各样地物种的重要程度,对酒鬼酒地理生态环境保护区3个典型样地的乔木层物种重要值进行了计算,结果见表10.6。

表10.6 乔木群落物种组成及重要值

样地	植物种类	相对多度(%)	相对高度(%)	相对显著度(%)	相对盖度(%)	重要值 V
龙泉附近	猴樟 Cinnamomum bodinieri	77.42	73.09	69.66	68.88	72.34
	乌桕 Sapium sebiferum	16.13	20.34	20.03	16.80	18.33
	樟 Cinnamomum camphora	3.23	3.79	6.21	10.50	5.93
	棕榈 Trachycarpus fortunei	3.23	2.76	3.81	3.78	3.40
振武营村寨风水林	刺楸 Kalopanax septemlobus	27.78	31.44	32.71	37.63	32.39
	枫香树 Liquidambar formosana	16.67	20.41	20.69	17.16	18.73
	板栗 Castanea mollissima	16.67	15.39	12.93	10.70	13.92
	朴树 Celtis sinensis	5.56	8.36	11.56	18.45	10.98
	梧桐 Firmiana platanifolia	5.56	6.02	4.62	5.54	5.44
	豹皮樟 Litsea coreana	5.56	6.69	5.45	3.69	5.35
	猴樟 Cinnamomum bodinieri	5.56	3.68	3.32	1.66	3.56
	椤木石楠 Photinia davidsoniae	5.56	2.34	3.62	1.66	3.30
	山胡椒 Lindera glauca	5.56	3.01	2.73	1.66	3.24
	女贞 Ligustrum lucidum	5.56	2.68	2.37	1.85	3.12

样地	植物种类	相对多度(%)	相对高度(%)	相对显著度(%)	相对盖度(%)	重要值 V
保护区公路旁1号	樟叶槭 Acer cinnamomifolium	11.32	16.67	17.34	21.42	16.69
	豹皮樟 Litsea coreana	11.32	14.01	12.68	16.92	13.73
	野漆树 Toxicodendron sylvestre	11.32	10.75	9.77	10.17	10.50
	板栗 Castanea mollissima	9.43	9.67	14.42	7.97	10.37
	椤木石楠 Photinia davidsoniae	7.55	9.18	8.89	9.57	8.80
	女贞 Ligustrum lucidum	11.32	6.53	7.78	4.94	7.64
	朴树 Celtis sinensis	3.77	6.28	6.63	13.19	7.45
	算盘竹 Indosasa glabrata	11.32	7.50	3.27	1.62	5.93
	乌桕 Sapium sebiferum	5.66	6.28	6.76	3.85	5.64
	苦楝 Melia azedarach	7.55	5.80	4.76	3.57	5.42
	构树 Broussonetia papyrifera	1.89	1.93	2.47	1.65	1.98
	柚 Citrus maxima	1.89	1.45	1.67	2.47	1.87
	黄连木 Pistacia chinensis	1.89	1.69	2.15	1.65	1.84
	黄檀 Dalbergia hupeana	1.89	1.21	0.82	0.55	1.12
	枳椇 Hovenia dulcis	1.89	1.09	0.58	0.27	0.96

由表 10.6 可知,酒鬼酒地理生态环境保护区龙泉附近样地乔木群落重要值在 3.40%~72.34%之间,重要值最高的是猴樟(72.34%),其次是乌桕(18.33%)和樟(5.93%)。保护区振武营村寨风水林样地乔木群落重要值在 3.12%~32.39%之间,重要值最高的为刺楸(32.39%),其次是枫香树(18.73%)和板栗(13.92%)。保护区公路旁边 1 号样地乔木群落重要值在 0.96%~16.69%之间,重要值最高的为樟叶槭(16.69%),其次是豹皮樟(13.73%)和野漆树(10.50%)。反映出酒鬼酒地理生态环境保护区 3 个典型样地乔木群落优势种为樟叶槭、猴樟和刺楸,因此分别称为樟叶槭林、猴樟林和刺楸林。

3. 群落物种多样性指数分析

酒鬼酒地理生态环境保护区各样地乔木、灌木和草本植物的 Shannon-Wiener 指数及其均匀度见表 10.7。

表 10.7 各样地乔木、灌木和草本植物的信息指数及其均匀度

样地	乔木层		灌木层		草本层	
	Shannon-Wiener(H)	Pielou Uniformity(J)	Shannon-Wiener(H)	Pielou Uniformity(J)	Shannon-Wiener(H)	Pielou Uniformity(J)
1	0.41	0.15	0.52	0.20	0.42	0.15

样地	乔木层		灌木层		草本层	
	Shannon-Wiener(H)	Pielou Uniformity(J)	Shannon-Wiener(H)	Pielou Uniformity(J)	Shannon-Wiener(H)	Pielou Uniformity(J)
2	3.13	2.26	0.79	0.36	3.71	1.45
3	0.54	0.23	0.76	0.32	3.35	1.61

从表10.7可以看出,酒鬼酒地理生态环境保护区各样地植物群落的Shannon-Wiener指数变化较大,保护区样地2($H=7.63$)>样地3($H=4.65$)>样地1($H=1.35$)。不同层次间的物种多样性在各类型群落中存在较为显著的差异,比如样地3群落的物种多样性为草本层>灌木层>乔木层,样地2群落的物种多样性为草本层>乔木层>灌木层,样地1群落的物种多样性为灌木层>草本层>乔木层。各样地群落的Pielou均匀度指数变化也比较大,样地2($J=4.07$)>样地3($J=2.16$)>样地1($J=0.50$)。不同层次间的物种均匀度在各类型群落中也存在比较显著的差异,样地1群落的均匀度表现为灌木层>草本层=乔木层,样地2群落的均匀度表现为乔木层>草本层>灌木层,样地3群落的均匀度表现为草本层>灌木层>乔木层。

通过比较上述群落多样性指数和均匀度可以看出,保护区样地2的多样性指数和均匀度均远高于其他样地,主要原因是该样地群落中形成了以猴樟和麦冬为主要优势种,猴樟和麦冬的数量多且分布较为均匀,从而导致了该样地的群落Shannon-Wiener指数增高。样地1的多样性指数和均匀度均远低于其他样地,虽然该样地物种丰富度比较高,但由于单一的用材树种占据了该样地群落的主导地位,从而导致了其群落多样性指数和均匀度指数较小。

三、结论与讨论

1. 保护区各样地群落物种组成及结构特征

群落组成和结构上的多样性是认识群落组织水平和功能状态的基础。调查结果显示,酒鬼酒地理生态环境保护区各样地群落乔木层共有22个物种,隶属18科、21属,群落灌木层共有24个物种,隶属17科、24属,群落草本层共有34个物种,隶属25科、32属。群落物种多样性是生境中物种丰富度及分布均匀性的一个量度,它受生境中生物和非生物多种因素的综合影响。酒鬼酒地理生态环境保护区属典型的亚热带湿润季风气候,无极端高温和低温出现,四季分明,三个样地均位于酒鬼酒地理生态环境保护区内,因此气候条件不是造成植被类型分化的主要因素。人类的干扰可以在一定程度上影响植被的分布,它不仅直接影响群落内的物种组成和结构,还会影响群落的立地环境。遭受干扰后形成的退化群落,其植株密度随干扰增强而增大。如保护区2号样地和3号样地受人类活动干扰相对较少,其乔木层密度也较小,分别为0.08株/m²和0.05株/m²,而受干扰较大的1号样地,其乔木层密度也相对较大,密度为0.13株/m²。样地1以草本层的密度最大,为21.50株/m²。样地2

同样以草本层的密度最大,为 240.00 株/m²,该样地草本植物植株比较矮小,有利于更多的个体植物同时生存。样地 3 还是以草本层的密度最大,为 49.25 株/m²。通过比较发现样地 2 草本层密度远远大于样地 3 和样地 1 草本层密度,主要是由于样地 2 靠近保护区龙泉,水湿条件相比样地 1 和样地 3 较好,因此草本层植物较为丰富。

重要值是植物群落种的综合数量指标,用来表示某个种在群落种的地位和作用的综合指标,该指标是对群落外部特征的反映,是决定群落性质的关键因素。酒鬼酒地理生态环境保护区内 1 号样地乔木群落重要值在 0.96% ~ 16.69% 之间,重要值最高的为樟叶槭(16.69%)。保护区 2 号样地乔木群落重要值在 3.40% ~ 72.34% 之间,重要值最高的是猴樟(72.34%)。保护区 3 号样地乔木群落重要值在 3.12% ~ 32.39% 之间,重要值最高的为刺楸(32.39%)。反映出酒鬼酒地理生态环境保护区 3 个典型样地乔木群落优势种为樟叶槭、猴樟和刺楸。保护区 1 号样地以地带性常绿树种占优势,层次较复杂,结构比较稳定;2 号样地为次生性半人工群落,物种单调,层次简单,处于快速发展演替阶段;虽然 3 号样地的层次也比较复杂,但占据优势的是落叶阔叶树,显然它们离稳定的地带性群落还有一定差距。

2. 保护区群落物种多样性变化

Connell 根据其在热带雨林的工作提出了"中度干扰假说",认为当植物群落受到频繁的或较少的轻度干扰的情况下,其物种多样性是最高的。研究结果显示,酒鬼酒地理生态环境保护区各样地植物群落的 Shannon-Wiener 指数和 Pielou 均匀度指数变化均较大,Shannon-Wiener 指数和 Pielou 均匀度指数按从大到小排序分别为样地 2($H=7.63$)> 样地 3($H=4.65$)> 样地 1($H=1.35$),样地 2($J=4.07$)> 样地 3($J=2.16$)> 样地 1($J=0.50$)。保护区不同层次间的物种多样性在各类型群落中存在较为显著的差异,样地 1 群落的物种多样性为灌木层>草本层>乔木层,样地 3 群落的物种多样性为草本层>灌木层>乔木层。保护区不同层次间的物种均匀度在各类型群落中也存在比较显著的差异,样地 1 群落的均匀度表现为灌木层>草本层=乔木层,样地 2 群落的均匀度表现为乔木层>草本层>灌木层,样地 3 群落的均匀度表现为草本层>灌木层>乔木层。总之,酒鬼酒地理生态环境保护区各样地群落的多样性指数和均匀度指数均比较低,样地 1 位于公路旁边,受人为干扰较大,该样地个别树种已遭到砍伐,造成物种单一。同时由于该样地石头众多,导致部分草本植物根系固土能力差,群落物种多样性大幅度下降。样地 2 由于乔木层分布较为分散,使得林分变得稀疏,林下光照条件较为充裕,从而丰富了林下植物的生长环境,所以该样地草本植物群落的多样性指数和均匀度指数均比较大。

第十一章　保护区生态服务功能

　　生态(服务)功能重要性评价是针对区域典型生态系统,评价生态系统服务功能的综合特征。生态(服务)功能重要性评价是对每一项生态服务功能按照其重要性划分出不同级别,明确其空间分布,然后在区域上进行综合评价。明确区域各类生态系统的服务功能及其对区域可持续发展的作用与重要性,并依据其重要性分级。根据我国生态环境部发布的《生态功能区划技术暂行规程》(简称《规程》)可将生态服务功能重要性评价分为生物多样性保护、土壤保持、海岸带防护功能、水源涵养和水文调蓄、沙漠化控制和营养物质保持共6项指标。结合酒鬼酒地理生态环境保护区的现状,本章节主要从生物多样性保护、土壤保持、水源涵养和沙漠化控制等方面对酒鬼酒地理生态环境保护区生态服务功能重要性进行了评价。

一、评价方法

　　生态服务功能重要性可分为极重要、中等重要、较重要、不重要共4级。生态服务功能重要性评价是对每一项生态服务功能按照其重要性划分出不同级别,明确其空间分布,然后在区域上进行综合,明确区域各类生态系统的服务功能及其对区域可持续发展的作用与重要性,并依据其重要性进行分级。

二、评价结果

1. 土壤保持重要性评价

　　土壤保持重要性的评价在考虑土壤侵蚀敏感性的基础上,分析其对下游河流和水资源可能造成的危害程度,分级指标参见表11.1。

表 11.1　土壤保持重要性分级指标

评价项目	分级指标	评价依据	评价等级
土壤保持敏感性影响水体	1~2 级河流及大中城市主要水源水体	酒鬼酒地理生态环境保护区位于吉首市振武营,属小城市水源水体,保护区土壤保持敏感性影响水体为极敏感;根据生态环境部《规程》,3 级河流及小城市水源水体土壤保持敏感性影响水体为不敏感则评价等级为不重要,为极敏感则评价等级为极重要	极重要
	3 级河流及小城市水源水体		
	4~5 级河流		

土壤保持的重要性评价要在考虑土壤侵蚀敏感性的基础上,分析其对下游河床和水资源可能造成的危害程度与范围。酒鬼酒地理生态环境保护区内的土壤是酒鬼酒独特品质不可分割的载体。保护区土壤一旦受到侵蚀,则极有可能会造成保护区下游河流及水资源不同程度的危害,尤其是对保护区内龙、凤、兽三眼泉水资源的危害。因此,保护区土壤对于保护区内主要水源水体侵蚀高度敏感,参照土壤保持重要性的评价分级指标(表 11.1),可将酒鬼酒地理生态环境保护区土壤保持重要性的评价等级定为极重要。

2. 水源涵养重要性评价

区域生态系统水源涵养的生态重要性在于整个区域对评价地区水资源的依赖程度及洪水调节作用。因此,可以根据评价地区在区域城市流域所处的地理位置,以及对整个流域水资源的贡献来评价。分级指标参见表 11.2。

表 11.2　生态系统水源涵养重要性分级表

评价项目	评价指标	评价依据	评价等级
区域生态系统水源涵养的生态重要性	城市水源地	保护区位于吉首市振武营,属城市水源地,根据生态环境部《规程》,城市水源地从干旱到湿润,其生态系统水源涵养的生态重要性评价等级均为极重要	极重要
	农灌取水区		
	洪水调蓄		

水是生命之源,是人类赖以生存的物质。水和酒有着源远流长的关系,两者密不可分。水是酿酒的主要原料,白酒生产离不开水,酒鬼酒生产必须依赖保护区内龙、凤、兽三眼泉水资源。2012 年 2 月 17 日,吉首市正式设立了"酒鬼酒地理生态环境保护区",重点保护龙、凤、兽三眼泉周边的青山绿水环境,以确保酒鬼酒生态园内龙、凤、兽三眼泉的水资源不被污染和破坏。参照生态系统水源涵养重要性分级表 11.2,酒鬼酒地理生态环境保护区水资源类型为城市水源地,所处地区为干旱,水源涵养重要性评价等级为极重要。

3　沙漠化控制作用评价

依据评价区沙漠化直接影响人口数量来评价该区沙漠化控制作用的重要性与否,评价指标与分级标准参见表 11.3。

表 11.3　沙漠化控制作用评价及分级指标

评价项目	分级指标	评价依据	评价结果
评价区沙漠化直接影响人口数量	＞2 000 人	酒鬼酒地理生态环境保护区位于湖南省湘西土家族苗族自治州,该地区位于湖南省西部,保护区周边群山环绕,绿树成林,受沙漠化影响极少	不重要
	500~2 000 人		
	100~500 人		
	＜100 人		

在评价沙漠化敏感程度的基础上,通过分析该地区沙漠化所可能造成的生态环境后果与影响范围,以及该区沙漠化的影响人口数量来评价该区沙漠化控制作用的重要性。酒鬼酒地理生态环境保护区位于湖南省湘西土家族苗族自治州吉首市振武营,该地区不受沙漠化影响。参照表 11.3,沙漠化直接影响人口为小于 100 人,酒鬼酒地理生态环境保护区沙漠化控制作用重要性评价等级为不重要。

4. 生物多样性维持功能的评价

生物多样性维持功能的评价主要是评价区域内生物多样性保护的重要性程度,重点评价生态系统与物种保护的重要性程度,地区生物多样性保护重要性评价参照表 11.4。

表 11.4　生物多样性保护重要地区评价

评价项目	评价指标与依据	评价等级
生态系统或物种占全省物种数量比率	优先生态系统,或物种数量比率＞30%,为极重要	比较重要
	物种数量比率为 15%~30%,为中等重要	
	物种数量比率为 5%~15%,为比较重要	
	物种数量比率＜5%,为不重要	

表 11.5 显示酒鬼酒地理生态环境保护区内蕨类植物的科、属、种分别占全国科、属、种的 23.81%、9.82%和 1.27%,保护区内裸子植物的科、属、种分别占全国科、属、种的 30.00%、7.50%和 1.55%,被子植物科、属、种分别占全国科、属、种的 33.68%、8.36%和 1.32%。虽然酒鬼酒地理生态环境保护区内维管束植物的种数均不足全国的 5%,但在保护区中占有重要地位。

表 11.5　酒鬼酒地理生态环境保护区植物与全国的科、属、种比较

类别	全国			酒鬼酒地理生态环境保护区					
	科	属	种	科	占全国比例(%)	属	占全国比例(%)	种	占全国比例(%)
蕨类植物	63	224	2 600	15	23.81	26	11.61	35	1.35
裸子植物	10	40	193	3	30.00	3	7.50	3	1.55
被子植物	291	3 076	26 881	91	31.27	267	8.68	369	1.37
总计	364	3 340	29 674	116	—	282	—	392	—

　　表 11.6 显示酒鬼酒地理生态环境保护区共有维管束植物 109 科、296 属、407 种。保护区共有蕨类植物 15 科、26 属、35 种,蕨类植物科、属、种分别占湖南省的 28.30%、17.45% 和 4.87%。保护区共有裸子植物 3 科、3 属、3 种,其科、属、种分别占湖南省的 30.00%、9.68% 和 4.62%。保护区被子植物共有 91 科、267 属、369 种,其科、属、种分别占湖南省的 41.94%、20.84% 和 7.27%。参照表 11.6,酒鬼酒地理生态环境保护区物种占全省物种数量比率处在 5%～15%,保护区生物多样性维持功能重要性评价级为比较重要。

表 11.6　酒鬼酒地理生态环境保护区植物与湖南省的科、属、种比较

类别	湖南省			酒鬼酒地理生态环境保护区					
	科	属	种	科	占全省比例(%)	属	占全省比例(%)	种	占全省比例(%)
蕨类植物	53	149	718	15	28.30	26	17.45	35	4.87
裸子植物	10	31	65	3	30.00	3	9.68	3	4.62
被子植物	217	1 281	5 076	91	41.94	267	20.84	369	7.27
总计	280	1 461	5 859	109	—	296	—	407	—

　　综上所述,本章节以土壤保持、水源涵养、沙漠化控制和生物多样性保护共 4 项指标对酒鬼酒地理生态环境保护区生态服务功能重要性进行了评价,各单项指标评价结果为极重要、极重要、不重要、比较重要,综合各项评价指标可以得出酒鬼酒地理生态环境保护区生态服务功能重要性等级为极重要,该保护区具有较高的保护和研究价值。

第十二章　结论与建议

一、主要结论

　　酒鬼酒地理生态环境保护区内青山脚下的龙、凤、兽三眼泉为酒鬼酒的酿造水源,生产核心功能区及其周边的植物、水、土壤资源等都为酒鬼酒工业生态功能持续稳定发挥提供有效保障。通过实地调查并建立保护区内生态因子观测点,分不同季节测定保护区内主要的气候气象、光照、温度、湿度、风力等生态因子。系统考察了保护区内植物的科、属、种组成和生物生态习性,以样地法系统调查了保护区内自然植物成层现象,并对保护区内植物群落的结构及特征进行统计分析。通过现场调查、科学布点和采样,对保护区内水和土壤中微量元素进行定量检测,依据检测数据,对酒鬼酒地理生态环境保护区内水和土壤环境质量进行科学评价。

　　(1) 根据实地调查、采集标本及拍摄照片统计,酒鬼酒地理生态环境保护区共有维管束植物 109 科、296 属、407 种。在所调查植物中蕨类植物有 15 科、26 属、35 种,种子植物 94 科、270 属、372 种,其中裸子植物有 3 科、3 属、3 种,被子植物有 91 科、267 属、369 种,被子植物占绝对优势,是该区植物多样性的主体。保护区植物含 20 种以上的科有 2 科(占总科数的 1.83%),含 11~20 种的科共 4 科(占总科数的 3.67%),含 6~10 种的科有 15 科(占总科数的 13.76%),含 2~5 种的科有 46 科(占总科数的 42.20%),含 1 种的单种科有 42 科(占总科数的 38.53%),保护区含 10 种以上的优势科有 9 个,其所含属数、种数占总属数和总种数的比例较高,说明这 9 个科在保护区植物多样性中的重要作用,构成了保护区植物多样性的主体。保护区植物组成中各科所含属数差异悬殊,含 10 属以上的科有 4 科(占总科数的 3.67%),在保护区植物区系组成中占有重要位置。保护区含 1 种的单种属和含 2~5 种的属两者合计所含的属数占了所有属数的 95% 以上,其中所含的种数占所有种总数的 90% 以上,说明酒鬼酒地理生态环境保护区植物区系组成的古老性和稳定性。保护区植物中共有乔木 57 种、灌木 71 种、半灌木 6 种、木质藤本 25 种、一年生草本植物 78 种、多年生草本植物 152 种,以八角枫、接骨草、阿拉伯婆婆纳和虎耳草等较为常见。在对多次调查的资源进行系统整理后,将酒鬼酒地理生态环境保护区植被划分成阔叶林、灌丛、草丛、水生和栽培植被共 5 个植被类型。阔叶林主要包括樟叶槭林和刺楸林。典型的灌丛有台湾十大功劳灌丛、毛叶插田泡灌丛、紫麻灌丛、灰白毛莓灌丛和杠香藤灌丛。草丛主要有辣蓼草丛、狗尾草草丛、绿穗苋草丛和夏天无草丛等。水生植被有空心莲子草和浮萍。栽培植被主要包括半人工猴樟林、猴樟林和橘树林。根据酒鬼酒地理生态环境保护区的具体情况和开发利用前景,将保护区资源植物按用途划分为药用植物资源、食用植物资源、有毒植物资源、工业用植物资源、珍稀植物资源和环保植物资源共6个大类。保护区资源植物丰富,按所占总种数的比例排序为药用植物>工业用植物>食用植物>环保植物>珍稀植物>有毒植物,可见保护区药用植物是资源植物中最多的一类,其开发与利用价值潜力巨大。

(2)分析群落种属组成和地理成分是认识群落特征和生物多样性的首要基础。调查结果显示,酒鬼酒地理生态环境保护区典型样地乔木植物群落共有22个物种,隶属18科、21属;灌木植物群落共有24个物种,隶属17科、24属;草本植物群落共有34个物种,隶属25科、32属。保护区样地1乔木层平均高度为7.81 m,密度为0.13株/m²,主要有楠木石楠、樟叶槭、豹皮樟、朴树和板栗等。灌木层平均高度为1.43 m,密度为13.75株/m²,主要以箬竹、小构树和乌桕等的幼苗为主。草本层平均高度为0.38 m,密度为21.50株/m²,典型的有铁苋菜、魁蒿和商陆等。保护区样地2乔木平均高度为9.35 m,密度为0.08株/m²,主要有猴樟、乌桕和樟等。灌木层平均高度为0.97 m,密度为14.00株/m²,典型的有苎麻、华南十大功劳和地枇杷等。草本层平均高度为0.26 m,密度为240.00株/m²,主要包括麦冬、中日金星蕨和鸭儿芹等。保护区样地3乔木层平均高度达16.61 m,密度为0.05株/m²,典型的有枫香树、刺楸和楠木石楠等。灌木层平均高度达1.25 m,密度为42.25株/m²,常见的有箬竹、苎麻和紫金牛等。草本层平均高度为0.31 m,密度为49.25株/m²,主要包括有三脉紫菀、蝴蝶花和筋骨草等。保护区龙泉附近样地乔木群落重要值在3.40%~72.34%之间,重要值最高的是猴樟(72.34%),该样地称为猴樟林。保护区振武营村寨风水林样地乔木群落重要值在3.12%~32.39%之间,重要值最高的为刺楸(32.39%),该样地称为刺楸林。保护区公路旁边1号样地乔木群落重要值在0.96%~16.69%之间,重要值最高的为樟叶槭(16.69%),该样地称为樟叶槭林。保护区各样地植物群落的Shannon-Wiener指数变化较大,保护区样地2(H=7.63)>样地3(H=4.65)>样地1(H=1.35)。各样地群落的Pielou均匀度指数变化也比较大,样地2(J=4.07)>样地3(J=2.16)>样地1(J=0.50)。虽然1号样地物种丰富度比较高,但由于单一的用材树种占据了该样地群落中的主导地位,从而导致该样地的多样性指数和均匀度均远低于2号样地和3号样地。

(3)酒鬼酒地理生态环境保护区内土壤中镉(Cd)、砷(As)、铜(Cu)、铅(Pb)、铬(Cr)、硼(B)和锌(Zn)元素的含量均比较低,锰(Mn)、铁(Fe)和硒(Se)元素含量略高,保护区内土壤中各元素的含量均未超过《土壤环境质量标准》(GB 15618—1995)中的三级标准。采用单因子污染指数法和综合污染指数法对酒鬼酒地理生态环境保护区内土壤环境质量进行了综合评价,评价结果显示酒鬼酒地理生态环境保护区内土壤中各元素的污染等级均为清洁,总的污染等级均为安全,说明保护区土壤环境质量较好。

(4)酒鬼酒地理生态环境保护区内龙、凤、兽三眼泉地表水中镉(Cd)、钡(Ba)、砷(As)、铋(Bi)、铜(Cu)、镍(Ni)、铅(Pb)、锶(Sr)、铬(Cr)、钒(V)、硼(B)、钴(Co)和锌(Zn)元素的含量均比较低,锰(Mn)、铁(Fe)和硒(Se)三种元素的含量略高。保护区内三眼泉地表水中各元素的含量均未超过《地表水环境质量标准》(GB 3838—2002)中的三级标准。采用原内梅罗指数法和修正的内梅罗指数法两种方法对酒鬼酒地理生态环境保护区内三眼泉中地表水环境质量进行了综合评价,并将两种方法的评价结果进行了比较分析。评价结果显示,采用修正后的内梅罗指数法评价结果的 P_i' 值比传统的内梅罗指数法评价结果的 P_i 值都要偏低,表明修正后的内梅罗指数法评价采样点的水质比传统的内梅罗指数法评价采样点的水质偏好。酒鬼酒地理生态环境保护区内三眼泉地表水两种评价方法的水质评价级别均为清洁,说明酒鬼酒地理生态环境保护区龙、凤、兽三眼泉地表水水质均较好,未受到污染。酒鬼酒地理生态环境保护区内龙、凤、兽三眼泉地下水中镉(Cd)、钡(Ba)、砷(As)、铋(Bi)、铜(Cu)、镍(Ni)、铅(Pb)、锶(Sr)、铬(Cr)、钒(V)、硼(B)、钴(Co)、锌(Zn)、锰(Mn)、铁(Fe)和硒(Se)元素的含量均远远低于中华人民共和国地下水质量标准中规定的三级标准。同样采用原内梅罗指数法和修正的内梅罗指数法两种方法对酒鬼酒地理生态环境保护区内三眼泉中地下水环境质量进行了综合评价,并将两种方法的评价结果进行了比较分析。评价结果表明,修正后的内梅罗指数法和传统的内梅罗指数法评价酒鬼酒地理生态环境保护区龙、凤、兽三眼泉地下水各采样点的水质级别均为优良,说明保护区龙、凤、兽三眼泉地下水环境质量较好。

酒鬼酒之所以能在全国乃至世界白酒产业独领风骚,其独特的气候及自然地理生态环境起着决定性的作用,酒鬼酒产地独特的小气候及自然地理生态环境共同决定了酒鬼酒无法在异地生产。国内外曾有许多地方试图"克隆"茅台酒,但均以失败告终,究其根本原因在于酿造中国名酒茅台酒的气候及自然地理生态环境无法"克隆"。酒鬼酒依附得天独厚的地理环境、气候条件、优质窖壤和泉水资源,依托其考究的曲泥技术,复合的传统工艺,独特的流程配方,又以地窖或溶洞封藏自然老熟,使酒鬼酒更具独特之色、香、味。呈香呈味的酸类、醇类、酯类、醛类物质含量丰富,使酒鬼酒能在浓香、酱香、清香之间协调分配、巧妙结合、游刃有余,成就了酒鬼酒的酒体风格,在中华酒林独树一帜。

二、建议

生态环境保护是功在当代、惠及子孙的伟大事业,是可持续发展的重要内容之一。加强酒鬼酒地理生态环境保护区生态环境保护工作,是实现保护区可持续发展的基础。

1. 加强对保护区生态环境的治理力度

酒鬼酒地理生态环境保护区的生态环境保护要严格执行环境影响评价和环保"三同时"制度,对环境保护设施未经当地环境保护部门验收或验收不合格的企业建设项目,不得投产使用。积极调整产业结构,优化资源配置,严把项目准入关,降低保护区高耗能产业比重,优先发展无污染、低污染的产业,积极推进清洁生产,把污染消除在生产过程中。要逐步关停浪费资源、污染严重的生产企业,以提高资源的利用效率,减少企业在生产过程中污染物的排放,积极发展节水、节能和无污染、少污染的高新技术产业,推广清洁生产,发展循环经济,形成"低能耗、低污染、低排放、高效率"的产业优势,成为保护区经济增长的引擎。对于保护区内未受污染或污染较轻的区域,重点在于加强保护,严格防范,力争保护区良好水质得以维护。对于受到污染的区域,要加大治理力度,控源减排,充分利用各种有效的生态环境修复

（主要包括复垦、植树造林等）和污染综合防治技术对保护区进行生态环境综合修复，制定保护区修复、土地复垦及开发利用总体规划，禁止乱批滥建，防止水土流失、植被破坏等严重生态环境问题的出现，使酒鬼酒地理生态环境保护区内的山更美、水更清、植物资源更加丰富多样。

2. 大力推进保护区绿化工程

保护好酒鬼酒地理生态环境保护区内现有的森林植被是当前保护区生态环境保护工作的重中之重，严格贯彻执行《国务院关于保护森林资源制止毁林开垦和乱占林地的通知》的要求，加强保护区林地采伐限额的管理，减少森林砍伐，减少木柴的使用，最大限度地减少消耗。重视发挥森林植被的生态功能，禁止乱砍滥伐，动员全民植树，增强植树改善环境的观念，抓紧封山育林、植树造林等绿化工作。加强对各类植被的封育和保护，保护天然林地、次生林地，坚决制止毁林毁草开垦。通过封山育林、低产林改造等一系列绿化措施，进一步丰富保护区内的森林植被。建立健全森林、土地资源、水土保持及植物多样性保护等生态效益补偿制度，增强保护区生态缓冲功能，充分发挥酒鬼酒地理生态环境保护区自然生态系统的自我修复能力。

3. 建立健全生态环境保护法律法规

法律是国家制定或认可的由国家强制力保证实施的，以规定当事人权利和义务为内容的具有普遍约束力的社会规范，以国家的强制力为其实施的手段。我国已经初步形成了由国家宪法、环境保护基本法、环境保护单行法规和其他部门法中关于环境保护的法律规范所组成的一系列环境保护法体系。建立健全的生态环境保护法，严格执法，加大对保护区生态环境保护的执法力度，有利于遏制保护区的生态环境恶化，保护自然生态环境，对生态环境保护方针、政策的贯彻落实和有效执行也有着强有力的保障作用。

4. 加强生物多样性保护

注重开发利用与资源保护相结合，在植物资源利用上坚持以保护为主、适度开发利用为辅的原则，实现保护区植物资源的可持续发展。应着力加强对保护区内植物资源的保护，以就地保护为主、迁地保护为辅，优先保护珍稀濒危野生植物。在加强对保护区管理和维护的同时，提高保护区及其周边民众的植物资源保护意识，有效地保护酒鬼酒地理生态环境保护区内的生物多样性。

5. 坚持"谁开发，谁保护；谁污染，谁负责"

要明确酒鬼酒地理生态环境保护区内生态环境保护的权、责、利关系，长期坚持"谁开发，谁保护；谁污染，谁负责"的原则，禁止破坏酒鬼酒地理生态环境保护区内的生态环境，一旦发现有破坏保护区生态环境的行为，破坏者除了受到严厉惩罚之外，还要承担起恢复保护区生态环境的职责。

6. 合理开发利用保护区药用植物资源

酒鬼酒地理生态环境保护区属暖温带湿润季风气候，四季温和，光照及降雨集中，这样得天独厚的自然环境使得保护区生态类型复杂、药用植物资源较为丰富。保护区共有药用植物 363 种,占总种数的 89.19％。随着市场对药材需求量的加大,野生药用植物资源也面临着极大的威胁,保护野生药用植物资源显得尤为重要。在保护区内选取有发展潜力、有市场竞争力的药用植物资源进行研究和开发,了解这些药用植物的立地条件和栽培繁殖技术,这是保护野生药用植物资源合理开发的关键。引导当地居民对野生药用植物进行人工栽培,可以降低对野生资源的采挖,缓解经济发展对该地区资源需求日益增加的压力,带动当地经济的同时也减轻了人们对野生药用植物资源的破坏,从而减少对保护区药用植物资源的采伐和破坏,这是从根本上保证药材资源的可持续性发展的方法之一。

7. 开展长期生态环境监测研究

开展酒鬼酒地理生态环境保护区生态环境长期监测的研究,对保证保护区生态环境资源可持续发展尤为重要,尤其是加强对保护区敏感环境要素和敏感地带的监测。在保护区除了开展水、土壤等常规监测外,还应重视保护区生态要素和各种生态灾害的监测,如植物多样性、水土流失、山体滑坡等方面的长期监测。

8. 严格执行环境影响评价制度

我国于 2002 年 10 月颁布了《中华人民共和国环境影响评价法》,并于 2003 年 9 月起施行,环境影响评价制度是我国环境管理的一项重要制度,在保护区开展资源保护和开发利用过程中积极贯彻执行环境影响评价制度,对于保护生态功能保护区的生态环境具有重要作用。

9. 加强环境保护宣传工作

我国的环境保护工作从 20 世纪 80 年代才开始,环保教育起步较晚,公民对环境保护的认知程度不够,环保意识淡薄,而环境的优劣在很大程度上取决于公民环保意识的强弱。因此,加强环境保护宣传教育,提高公民的环境保护意识是当务之急。企业和当地政府要充分利用报刊、环保讲座、广播、电视和网络等新闻媒体手段在保护区、企业、学校开展生态保护教育活动,积极开展群众性生态科普教育活动,大力普及保护区绿色生态环境等方面的科学知识,宣扬加强保护区生态环境保护的重要性、长期性与艰巨性,努力提高人们的生态建设意识和环境保护意识。

10. 鼓励公众参与

公众参与环境保护是发展生态环境保护事业的基础,是推动环境保护工作发展的重要动力。要充分发挥公众参与的作用,扩展环境权益,赋予公众全面参与环境保护的权利。转变思想观念,倡导发展资源节约型、环境友好型的和谐社会,塑造一个人与自然和谐共处的生存生产环境。建立良好的信息沟通渠道,为公众参与环境保护提供信息保障。近年来,公众参与程度已经成为衡量一个地区生态环境保护事业发达程度和环境管理水平高低的一个重要标志。在酒鬼酒地理生态环境保护区鼓励公众广泛参与可以激发公众尤其是保护区及其周边居民的生态环境保护热情。

第三部分

关于实施生态补偿、加强酒鬼酒地理生态环境区生态功能保护的建议

关于实施生态补偿，

加强酒鬼酒地理生态环境区生态功能保护的建议

　　随着我国经济的迅速发展,生态环境问题已经成为阻碍经济社会发展的瓶颈。党的十八大提出全面推进经济建设、政治建设、文化建设、社会建设和生态文明建设五位一体的总体布局,强调以人为本、科学发展,将生态环境保护提到了前所未有的高度,采取了一系列加强生态环境保护的政策措施,取得了明显的成效。但在实践过程中,也深刻地感受到在生态环境保护方面还存在着结构性的政策缺位,特别是有关生态建设的经济政策明显不足。生态效益及相关的经济效益在保护者与受益者、破坏者与受害者之间的不公平分配,导致了受益者无偿占有生态效益,保护者得不到应有的经济激励,破坏者未能合理承担生态破坏的成本和责任。这种生态保护与经济利益关系的扭曲,不仅使我国的生态保护面临很大困难,而且也影响了地区之间以及利益相关者之间的和谐。要解决这类问题,我们认为必须建立生态补偿机制,以便调整相关利益各方生态及经济利益的分配关系,促进生态环境保护,实现城乡间、地区间和群体间的公平性和社会和谐发展。

一、生态补偿的定义及发展

　　生态补偿是生态学、环境学与经济学交叉研究形成的一个概念,是近年来生态学、环境学、经济学、法学等多个学科都在研究的一个较为热门的问题。由于各学科学者的理解差异以及定义时侧重点的不同,"生态补偿"又有"生态效益补偿""生态环境补偿""环境服务补偿""资源与环境补偿""生态效益付费""生态系统服务付费"等称谓。从有关文献看,生态补偿概念最初是国外学者在研究生态服务功能和价值的过程中提出来的。Marsh 在 1965 年就记述了地中海地区人类活动对生态系统服务功能的破坏,并注意到了腐食动物作为分解者的生态功能。20 世纪 60 年代 John Krutila 提出自然资源价值的概念,为自然资源服务功能的价值评价奠定了基础。1970 年《人类对全球环境的影响》首次提出生态系统服务功能的概念,同时列举了生态系统对人类的环境服务功能。这些学者对生态服务价值及其核算的研究为实施生态补偿提供了理论基础,但并未提出明确的生态补偿概念。直到 20 世纪 90 年代,国外学者对生态补偿的认识才渐趋明朗。Cuperas 认为生态补偿是对遭受破坏的生态系统进行修复或者进行异地重建以弥补生态损失的做法。Drechsler、Johst 等利用生态学与经济学的原理,对生物多样性保护的生态补偿机制进行研究,提出一套生态经济模拟程序,用以设计生物多样性保护的生态补偿方案。Lofo Resources Focus 指出生态补偿是为了维护生态系统服务功能的长期安全,通过可持续的土地利用方式,由生态系统服务功能的受益者对提供这些服务的生态保护者进行补偿的行为。另外,国外比较盛行"环境服务费"的概念,指的是根据生态服务功能的价值量向自然资源管理者支付费用,以鼓励他们保护自然资源,它实质相当于"生态补偿",在美国、哥斯达黎加、哥伦比亚、厄瓜多尔和墨西哥等国家已经得到实施。

国内的生态补偿研究是在对矿区恢复、森林生态效益补偿等实践探索中逐步演化发展起来的。我国学者对生态补偿概念提出了多种看法,如章铮把生态补偿看成是对生态环境受害者支付赔偿,认为生态补偿费是为了控制生态破坏而征收的费用。庄国泰等认为生态补偿是以防止生态与自然环境破坏为目的,以从事对生态与自然环境产生或者可以产生不良影响的生产、经营、开发者为对象,以生态与自然环境整治及恢复为主要内容,以经济调节为手段,以法律为保障条件的环境管理制度。叶文虎等认为生态补偿是自然生态系统对由于社会、经济活动造成的生态破坏所起的缓冲和补偿作用。洪尚群等将生态补偿机制看成是调动生态建设积极性,促进环境保护的利益驱动机制、激励机制和协调机制。毛显强等认为生态补偿是通过对损害(或保护)资源环境的行为进行收费(或补偿),提高该行为的成本(或收益),从而激励损害(或保护)行为的主体减少(或增加)因其行为带来的外部不经济性(或外部经济性),达到保护资源的目的。吕忠梅认为生态补偿从狭义角度理解就是指对由人类的社会经济活动给生态系统和自然资源造成的破坏及对环境造成的污染的补偿、恢复、综合治理等一系列活动的总称,广义的生态补偿则还应包括对因环境保护丧失发展机会的区域内的居民进行资金、技术、实物上的补偿,政策上的优惠,以及为增进环境保护意识,提高环境保护水平而进行的科研、教育费用的支出。

纵观我国生态补偿研究,具有较为明显的阶段性特点,可以划分为3个阶段。

(1) 摸索阶段(1992年以前)

我国有关生态补偿的研究始于20世纪80年代,前期研究工作处于自发摸索阶段,主要从自然科学的角度进行生态补偿研究,主要观点是从利用资源所得到的经济收益中提取一部分资金,以物质和能量的方式归还生态系统,以维持生态系统的物质、能量,输入、输出的动态平衡。也有学者提出对生态效益赋予价值并给予补偿,提倡从受益部门的利润中提取一定比例作为补偿基金,具有了经济学意义上生态补偿的主要特点。例如,提出森林不但要对提供的木材和林副产品计算商品价值,而且对其调节气候、涵养水源、保持水土、净化空气、美化环境等效益赋予生态价值而进行计价,并给予补偿。另有学者呼吁对划为生态效益防护林的林地试行生态补偿,资金由下游受益的单位(电站、工厂、交通、航运、矿场等)按受益多寡承担投资义务,用以补偿防护林建设所需经费,具有流域生态补偿的思路。但是相关的研究成果并未形成大的影响。

(2) 理论研究阶段(1992—1998年)

我国关于生态补偿主动的、大规模的研究开始于1992年。1992年举行的联合国环境与发展大会,标志着在环境与发展领域人类自觉行动的开始,是转变传统发展模式和开拓现代文明的一个重要里程碑。会议要求各国政府在环境政策制定上要发挥价格、市场和政府财政及经济政策的补充性作用,使环境费用体现在生产者和消费者的决策上。价格应反映出资源的稀缺性和全部价值,并有助于防止环境恶化。

我国政府在《关于出席联合国环境与发展大会的情况及有关对策的报告》中指出:"各

级政府应更好地运用经济手段来达到保护环境的目的。按照资源有偿使用的原则，要逐步开征资源利用补偿费，并开展征收环境税的研究。研究并试行把自然资源和环境纳入国民经济活动核算体系，使市场价格准确反映经济活动造成的环境代价。"

在这一背景下，为实现生态、环境、资源的永续利用，开征生态补偿费被广泛接受。有些地方制定和出台了有关法规，并开展了生态环境补偿费的征收工作。我国生态补偿研究出现了第一个高潮，很多学者针对生态补偿的必要性、迫切性进行了呼吁，针对生态补偿的概念、内涵、研究目的、意义以及生态(环境)补偿费的征收依据和标准、征收范围和对象、征收办法及征收后对物价等造成的影响进行了研究和讨论。研究的重点主要针对生态环境破坏引起的经济损失进行补偿，通常是生态环境加害者付出赔偿的代名词，且研究领域主要针对矿区的生态补偿和公益林的生态补偿，尤其是公益林生态补偿的研究占有绝对比例。

本阶段的主要特点是生态补偿内涵和范围界定、理论基础探讨以及在森林、矿区等有限领域的实践探讨。我国在 1992 年前后，经济发展水平较低，全国的经济发展呼声远远高于生态环境保护的呼声，这一阶段的生态补偿研究主要集中于理论探讨，现实实践中生态补偿费与资源税费和环境税费(排污费)的界限模糊。

（3）理论与实践结合研究阶段(1998 年至今)

从 1998 年长江、松花江、嫩江特大水灾，到 2001 年北京的数次扬沙与沙尘暴，全国上下开始意识到生态环境破坏的严重性和生态环境保护的重要性。随着时间的推移，粗放型的经济快速发展，对我国生态环境的破坏越来越明显，人们认识到转变传统发展观的必要性和重要性，可持续发展成为全社会的共识。

政府高度重视生态环境保护和建设工作，全面启动以林业为主的六大生态工程，包括天然林保护工程、"三北"和长江中下游地区等重点防护林体系建设工程、退耕还林(草)工程、环北京地区防沙治沙工程、野生动植物保护及自然保护区建设工程、重点地区速生丰产用材林基地建设工程。为了遏制草原退化和沙化，我国从 2003 年在西部 11 个省区正式启动了退牧还草工程。这些工程大都以生态系统的保护和恢复为中心任务，以减轻人类活动对这些特定地区的干扰为主要手段，不仅严格限制生态环境保护区域内的商业性开发利用活动，而且对特定地区居民的基本生产活动也进行约束。在工程实施过程中，如何协调好生态环境建设区的经济发展和生态环境保护的关系，是生态建设实施过程中的问题所在，人部分学者认为生态补偿正是解决这一问题最重要的途径。

人们要求建立生态补偿机制的呼声越来越高，生态补偿也越来越受到学术界的关注。1998 年我国新《森林法》确定了森林生态效益补偿基金的法律制度，指出森林生态效益补偿基金用于提供生态效益的防护林和特种用途林的森林资源、林木的营造、抚育、保护管理，这是我国生态补偿研究和实践的一个重大突破，具有划时代的意义。1998 年以后，我国生态补偿研究进入了理论和实践相结合的阶段，研究领域也从完善森林和矿区的生态补偿，扩展到区域生态补偿、流域生态补偿、自然保护区生态补偿、生态工程(退耕还林、退田还湖、退牧还草)、生态补偿等各个领域。我国政府对生态补偿机制的高度重视和生态工程的实践，把生态补偿研究推向了一个新的高度。

目前我国生态补偿研究呈现出新的特点，与国际间的交流合作得到加强。2004 年 10 月在北京召开"生态保护与建设补偿机制及政策"国际研讨会。2005 年 3 月中国环境与发展国际合作委员会成立生态补偿机制与政策研究课题组,多次召开与生态补偿相关的国际会议,加强国际经验的总结和借鉴,对国内外研究成果的交流起到了重要作用,对我国生态补偿研究具有重要的推动作用。

归纳起来,由于生态补偿本身的复杂性和研究重点的不同,不同学科如生态学、经济学、法学等的研究者对生态补偿的表述不尽相同,即使是环境保护研究者对生态补偿的理解也不尽一致。但有一点是共同的,即生态补偿的内涵从最初的自然生态补偿,即自然生态系统对干扰的敏感性和恢复能力,渐渐演变为促进生态环境保护的经济手段和机制。从原先的一种自然现象,逐渐演变为一种社会经济机制。

作为一种经济制度,生态补偿旨在通过经济、政策、市场等手段,解决一个区域内经济社会发展中生态环境资源的存量、增量问题,改善区域间的非均衡发展问题,逐步达到和体现区域内、区域间的平衡和协调发展,从而激励人们从事生态保护和建设的积极性,促进生态资本增值、资源环境永续利用。生态补偿制度是以防止生态破坏、走绿色发展道路为目的,以生态环境的整治与恢复为主要内容,以市场调节为手段,以法律保障为前提,实现生态补偿的社会化、市场化和法制化的制度安排。

生态补偿涉及生态学、资源科学、环境科学、经济学、法学、管理学等学科领域,学科的综合性给生态补偿研究造成了一定的难度。从全球来看,对自然保护区应该进行生态补偿是共识,但谁来补、补多少和怎么补却是悬而未决的问题,尤其是在补多少的计算上,自然保护学者和环境经济学者的研究出现了很大的分歧。自然保护学者习惯于计算自然保护区的正外部性并希望以此作为制定生态补偿政策的基础。根据"庇古税"理论,补偿金额为私人成本与社会成本的差额,即边际外部成本。从环境经济的角度来说,当边际外部成本等于边际外部收益时实现环境效益的最大化,因此理论上最佳补偿额应该以提供的生态服务的价值为补偿标准。但是,目前理论界的一般观点是生态系统服务价值可以作为生态补偿标准的理论上限,而不是作为现实的生态补偿标准。这个领域的许多学者运用市场价值法、影子价格法、替代工程法、机会成本法、费用分析法、条件价值法等多种方法对全国多地森林、湿地等生态系统服务功能价值进行了估算。但由于缺乏统一的指标和明确的目标,不同研究结果出现很大的差异。

我们认为,实施生态补偿,其实质是对环境资源价值的承认,是对生态保护贡献的认可。建立生态补偿机制,将生态补偿用制度固定下来,可以为我国生态环境保护提供强有力的政策保障和资金支持,从根本上改变长期以来我国生态环境保护的被动局面,为我国生态环境的总体改善奠定坚实的基础。

二、酒鬼酒地理生态环境保护区建立生态补偿的必要性与可行性

1. 必要性

（1）建立生态补偿制度是确保酒鬼酒公司区域环境质量安全的重要基础

酒鬼酒地理生态环境保护区位于湘西吉首市区北郊振武营,保护区东起上佬水库西侧、

西至马鞍山西侧、南起王儿田与虎彪山南侧、北至矮佬与七斤垴,总面积 10.19 km²。建立酒鬼酒地理生态环境保护区生态补偿机制就是要用生态环保理念统领该区域经济社会发展全局,全面落实科学发展观,促进人与自然的和谐发展、经济与生态环境的协调发展。酒鬼酒股份有限公司及其周边居民非常重视对保护区内及其周边的生态环境建设,公司所在地域周边的空气、水、土壤及植物资源等诸多环境要素均未受到大面积的人为的干扰和破坏,这为酒鬼酒股份有限公司区域环境质量安全提供了重要保障。建立生态补偿机制不仅可以提高保护区广大居民的生态环保意识,也能促使当地经济社会长远发展和可持续发展。

(2)建立生态补偿制度是维持酒鬼酒地理生态环境保护区生态功能的重要保证

目前,为保护作为湘西州龙头企业的酒鬼酒股份有限公司工业园的环境质量安全,湘西州政府和吉首市政府已经将酒鬼酒地理生态环境保护区纳入州级自然保护区范畴,并对其保护区进行了核心区和缓冲区的分级划分,将酒鬼酒地理生态环境保护区的生态功能和环境质量与生产经营放到了同等重要的位置,因此,建立生态补偿机制是维持酒鬼酒地理生态环境保护区生态功能和环境质量现状的不二选择,也是促进该保护区周边百姓与酒鬼酒股份有限公司长期和谐相处、保护区生态功能长久发挥的重要保障。如果没有生态补偿机制这一措施,酒鬼酒地理生态环境保护区长期不受到人为干扰和人为破坏显然是不可能实现的。

(3)建立生态补偿制度既能改善酒鬼酒生产区域微生物生态环境,又能维系酒鬼酒产品的质量和风味

我国素有"名酒产自名水"的说法,闻名中外的绍兴酒所采用的鉴湖水就处于良好的自然环境中。名酒之地,必有佳泉。酒鬼酒地理生态环境保护区内青山脚下的龙、凤、兽三眼泉为酒鬼酒的酿造水源,周边居民历来非常重视对保护区内龙、凤、兽三眼泉及其周边的青山绿水环境的保护,三眼泉泉水清澈甘甜,周边群山环绕,风景秀美,均未受到人为和自然因素的干扰和破坏,这正是三眼泉水环境质量较好的重要原因。建立生态补偿制度,从政府层面来协调人与自然的关系,形成维系酒鬼酒产品质量和风味的长效机制,使得酒鬼酒公司进一步做大做强,让当地百姓得到更多实惠。

(4)建立生态补偿制度可进一步调动企业积极性,支持酒鬼酒股份有限公司持续发展

酒鬼酒地理生态环境保护区正处于"大湘西生态旅游长廊"中心地段,地理位置十分关键,周边的空气、水、土壤及植物资源等是确保酒鬼酒产品质量安全的重要保障。从政府层面建立生态补偿制度给企业施加压力,使企业认识到生态环境保护的价值,调动酒鬼酒股份有限公司的积极性,为支持其持续发展提供内生动力。大量实践证明,市场化条件下的生态补偿制度不仅是最直接有效的经济手段,也是重要的政策导向手段,坚持实施生态补偿制度取得很好效果的国内外诸多成功案例就是最好的证明。

(5)在湘西推行生态补偿制度,需要先行先试

湘西州地处武陵山腹地,是武陵山片区扶贫攻坚的主战场,也是长江流域重要的生态安全屏障,武陵山区作为"中国绿心",是"长江经济带"的重要组成部分。2011年国家出台的《中国农村扶贫开发纲要(2011—2020年)》明确指出,湘西地区扶贫攻坚既要大胆创新,又要先行先试,做全国扶贫攻坚模式的试验田。显然,作为"中国绿心"腹地的湘西州只有巩固好生态安全屏障这条底线才能做好扶贫攻坚的试验田。酒鬼酒地理生态环境保护区总面积

达 10. 19 km², 是湘西州龙头企业发展的基石, 保护区呈三面环山(坡)状, 形成了一个相对封闭的自然生态圈, 喇叭山谷、浪头河畔、三眼泉边风景优美, 形成了冬暖夏凉、空气湿润、风力小、降雨量适中的独特小气候, 是理想的酿酒王国和"酿酒黄金地理带", 也是维系酒鬼酒产品质量和风味的重要保障。因此, 划分酒鬼酒地理生态环境保护区并在这一特殊区域实行生态补偿制度既是探索构建长江流域生态安全屏障模式的现实需要, 又是先行先试的大胆创新, 其意义和重要性不言而喻。

2. 可行性

（1）酒鬼酒地理生态环境保护区具有良好的生态环境本底基础

经实地初步调查和取样实验室分析, 发现酒鬼酒地理生态环境保护区内的环境本底基础良好, 具体表现在:① 酒鬼酒地理生态环境保护区植物多样性丰富, 共有 109 科、296 属、407 种。酒鬼酒地理生态环境保护区种子植物属的分布为世界分布 33 属、热带分布 115 属、温带分布 117 属、中国特有分布 5 属。酒鬼酒地理生态环境保护区内植物区系组成具有明显的多样性特点。② 酒鬼酒地理生态环境保护区土壤中镉(Cd)、砷(As)、铜(Cu)、铅(Pb)、铬(Cr)、硼(B)和锌(Zn)元素的含量均较低, 锰(Mn)、铁(Fe)和硒(Se)元素含量略高。保护区内土壤中各元素的污染等级均为清洁, 保护区内土壤中各元素的综合污染指数范围为 0. 055 3~0. 129 7, 总的污染等级均为安全。③ 位于保护区核心地的龙、凤、兽三眼泉水样除锰(Mn)元素的含量相对略高以外, 其他元素铁(Fe)、钒(V)、铜(Cu)、砷(As)、铋(Bi)、锌(Zn)、硼(B)、钴(Co)、钡(Ba)、镉(Cd)、铬(Cr)、锶(Sr)、镍(Ni)的含量甚微, 铅(Pb)和硒(Se)元素的含量较少, 龙、凤、兽三眼泉地下水水质级别均为优良, 地表水的水质级别均为清洁级, 水体无污染。④ 保护区内气候属中亚热带季风湿润气候, 四季分明。保护区内形成了冬暖夏凉、空气湿润、风力小、降雨量适中的独特小气候。

（2）国家有建立生态补偿的有关政策要求和导向

2005 年以来, 国务院每年都将生态补偿机制建设列为年度工作要点, 于 2010 年将研究制定的生态补偿条例列入立法计划。党的十八大把生态文明建设放在突出地位, 十八大报告明确要求建立反映市场供求和资源稀缺程度、体现生态价值和代际补偿的资源有偿使用制度和生态补偿制度。据统计, 中央财政安排的生态补偿资金总额从 2001 年的 23 亿元增加到 2012 年的约 780 亿元, 累计约 2 500 亿元。近几年来, 根据中央有关精神, 各地区、各部门在大力实施生态保护建设工程的同时, 积极探索生态补偿机制建设。目前浙江和安徽两省已经开展跨省级行政区域生态补偿试点。由此可见, 我国已经初步形成生态补偿制度框架并已经在多地进行试点, 《关于健全生态保护补偿机制的若干意见》已经于 2016 年正式发布实施, 在酒鬼酒地理生态环境保护区实施生态补偿制度不仅符合国家的政策导向, 也是武陵山区作为"中国绿心"的必然要求, 还是"先行先试"在湘西地区生态环境建设的具体落实和内在要求。

（3）地方政府和企业具有良好的意愿

党的十八大报告明确要求建立反映市场供求和资源稀缺程度、体现生态价值和代际补偿的资源有偿使用制度和生态补偿制度。第十一届全国人大四次会议审议通过的"十二五"规划纲要就建立生态补偿机制问题做了专门阐述, 要求研究设立国家生态补偿专项资金, 推行资源型企业可持续发展准备金制度，加快制定实施生态补偿条例。作为地处武陵山区腹地的地方政府，湘西州和吉首市多年来一直重视生态环境建设工作，也正在筹划落实生态补偿制度的试点工作。

酒鬼酒股份有限公司作为湘西本地的龙头企业，有专门的管理和科研部门开展这方面的工作，一直非常重视与公司生产经营息息相关的空气、土壤、植被、地表地下水体等生态环境要素的保护。特别是自2012年以来，在湘西州政府的支持下，启动了与吉首大学的产学研全面合作，其中的核心内容之一就是开展生态环境保护区的环境和植物多样性调查，获得了该保护区大量的第一手材料，为建立生态补偿机制积累了科学资料。

可见，在酒鬼酒企业和地方政府都具有良好意愿的前提下，酒鬼酒地理生态环境保护区已经完全具备正式实施生态补偿制度的各项条件。

（4）具备良好的产学研合作平台技术支撑

酒鬼酒股份有限公司是湘西州的龙头企业，在其地理生态环境保护区实施生态补偿制度具有得天独厚的优势，地处吉首市武陵山区唯一的综合性大学——吉首大学是公司产学研合作的长期伙伴，也是其重要智囊和科研支撑。近年来，吉首大学与酒鬼酒股份有限公司通过开展产学研合作，已经取得了一大批丰硕的成果，部分成果已经走向市场，获得良好的经济效益和社会效益。吉首大学与酒鬼酒股份有限公司已具备良好的合作基础，在酒鬼酒地理生态环境保护区实施生态补偿制度不仅具备较好的产学研合作平台的技术支撑，也有产学研合作的成功经验。

武陵山区是国家明确扶持的14个集中连片特殊困难片区之一，在武陵山区腹地的湘西吉首酒鬼酒地理生态环境保护区这一特殊的小地理区域实行生态补偿制度不仅具有十分重要的探索价值，也是长江流域生态安全屏障的现实需要，其必要性和现实价值毋庸置疑。

三、构建可持续性生态补偿机制的对策建议

从酒鬼酒地理生态环境保护区的现状来看，加强保护区的生态环境保护工作，实施保护区内生态补偿制度是实现保护区可持续发展的必由之路。经综合考虑保护区的各方面情况，主要提出以下建议：

1. 制定酒鬼酒地理生态环境保护区功能规划

要加强酒鬼酒地理生态环境保护区的生态环境保护工作首先要有保护区规划，凡事预则立，规划（计划）是前提。笔者认为，保护区的规划由酒鬼酒股份有限公司、湘西自治州人民政府、吉首大学以及当地群众代表共同协商、联合制定是最好的选择。该规划的内容应该主要包括保护区区域划分、保护区主要环境要素（水源地、核心区土壤、保护区及周边植被）的具体保护规划、保护区及周边一定范围内产业与转型发展规划、核心区居民生态搬迁规划、居民区环境整治与基础设施建设规划等。

2. 设立酒鬼酒地理生态环境保护区生态补偿专项基金

专项基金是关键。近年来,我国政府为维护区域生态平衡和国家生态安全,促进国民经济的可持续发展,投入了大量资金并制定一系列的利益补偿措施,加大了对生态建设的支持力度。因此,酒鬼酒地理生态环境保护区生态补偿专项基金的设立是规划落实保护区生态补偿机制的关键所在。笔者认为,该基金联合酒鬼酒股份有限公司、州(市)人民政府共同设立为宜。针对保护区的基础设施建设、新型产业发展和生态搬迁,建议州(市)整合发改局、农业局、扶贫办、环保局、住建局、国土局等部门的项目与相关资源,积极协助公司争取上级专项资金。如果酒鬼酒股份有限公司抓住机遇争取国家和上级政府对保护区的专项资金投入和财政转移支付力度,建立生态补偿专项基金,那么就有条件实施和保护该区及其周边一定范围内的饮用水源、地表水源、土壤以及植被资源等重要环境要素的生态保护。有了经费保障才能建立起真正意义上能持续运转的保护区。所以,专项基金的设立是实现酒鬼酒地理生态环境保护区环境状况改善最终目标的关键所在。

3. 因地制宜开展生态搬迁工程

生态搬迁涉及的因素非常庞杂,是一项非常复杂的工程。在酒鬼酒地理生态环境保护区内还住有不少农民,交通闭塞,水电不通,文化落后,生活贫困,且因久居保护区山区,广种薄收,毁林开荒,采薪伐树,一定程度上恶化了保护区的自然生态环境。人们的生产生活会影响或危害保护区内的生态资源和环境,如森林砍伐、农药化肥的使用等都会对保护区内的生态环境产生影响。为了实现设立自然保护区的保护目的,更好地发展保护区,最大限度地保护和开发利用保护区内的生态环境资源,有时必须对保护区进行生态移民。从恢复生态学的角度看,生态移民是减少人类活动对大自然破坏的最好办法,实行生态移民可以有效减少人为活动对保护区内生态环境的影响和破坏。实施生态移民无论是对酒鬼酒地理生态环境保护区内生态环境的保护还是对居民的长远发展都有积极的作用,既可让保护区居民致富脱贫,又维护了保护区的自然环境。

4. 制定切合实际的产业发展政策

政策补偿是一种行之有效的补偿方式,尤其在经济薄弱、资金短缺的情况下显得更加重要。近年来,国家和地方政府为促进地区经济的发展,对特定的区域制定政策优先权和一系列优惠待遇,并利用这些制定一系列引导扶持的政策。酒鬼酒股份有限公司应当积极争取并充分利用国家和地方政府给予的政策倾斜和优惠待遇,享受优惠政策扶持。酒鬼酒地理生态环境保护区及其周边居民在权限范围内,利用政府给予的优惠政策和待遇,不但可以开展自我补偿,而且还可以创新性地设计出适合本区发展的政策,既有效地保护了保护区内的生态环境,又促进了经济的发展,使保护区最终走向经济发展和生态环境保护的和谐之路。

5. 建议出台《酒鬼酒地理生态环境保护区管理办法》

出台《酒鬼酒地理生态环境保护区管理办法》是保护区生态环境得到保护并能持续运行的重要保障。显而易见,只有明确相关部门的职责,完善保护区的工作机制,理顺酒鬼酒股份有限公司、地方政府、当地居民、上级政府部门相互之间的各种关系,才能保证酒鬼酒地理生态环境保护区的健康可持续发展,如建立联席会议制度、定期情况通报制度等。鉴于目前国家有关生态补偿方面的法律法规还没有出台,生态补偿立法落后于生态保护和建设的发展,一些重要法规对生态保护和补偿的规范不到位,导致自然资源有偿使用原则难以有效实施。建议将《酒鬼酒地理生态环境保护区管理办法》上升为湘西州地方性法规,重点关注对保护区内地表水、地下水、土壤和植被等资源的保护与利用。通过引进一些高科技企业项目和生态企业项目等各种项目可为保护地区的可持续发展打下良好基础。因此,规范的生态补偿地方性法规制度,完善的补偿政策体系,不仅可以使保护区内的生态补偿有法可依、有法可循,也可以先行先试,为其他保护区提供经验和参考。

6. 构建可持续发展的产业体系

酒鬼酒地理生态环境保护区群山环绕,自然风光秀美,因此可以在保护区发展生态农业和生态旅游业。一是要推广生态农业生产技术,加大地方财政对宣传农业环保生产技术的支持力度。二是发展特色产业,在保护区引进绿色生态种植业,并大力推行可持续发展的产业项目,实现新的经济创收。三是要支持农产品加工企业创"绿色品牌","绿色品牌"经政府有关部门认定可以享受新产品、新项目、先进技术企业或软件生产企业的税收优惠等。酒鬼酒地理生态环境保护区空气湿润,四季分明,植物资源丰富,山美水秀,风景如画,酒鬼酒工业园已被国家旅游局列为全国首批工业旅游示范点,因此在保护区开展旅游产业具有较大的发展潜力。保护区生态旅游业实施精品、名牌战略,应优化旅游发展环境,拓展客源市场,不断扩大产业规模。总之,在保护区发展生态农业和生态旅游业,有利于增强保护区自给能力,最终形成自我发展机制。

7. 拓宽生态补偿专项基金的来源渠道

采用资金补偿方式来解决酒鬼酒地理生态环境保护区在保护生态环境过程中存在的资金不足的问题。保护区的生态功能是多方面的,其受益对象也是全方位的,在加强财政转移支付补偿力度的同时,还应积极拓展多元化的补偿融资渠道,通过投资、善款募捐等方式多渠道筹集社会资金。

8. 加强酒鬼酒地理生态环境保护区生态保护的宣传和教育

保护区的生态环境建设离不开宣传和教育。宣传教育不仅能使人们从思想上提高生态环境保护意识,从而积极、主动地落实生态环境保护和生态补偿的相关制度,还能提高酒鬼酒地理生态环境保护区的知名度。积极采用专题展览、公益广告以及媒体宣传等形式来增强酒鬼酒地理生态环境保护区及其周边居民的生态环保意识,形成资源无价的思想观念,使保护区及其周边居民能够积极主动地参与到保护区的生态环境建设中来。由此可见,加强保护区内环境保护的宣传教育工作对于保护区生态补偿的顺利实施无疑也同等重要。

各部门在酒鬼酒地理生态环境保护区生态功能保护中的职能关系如图1所示:

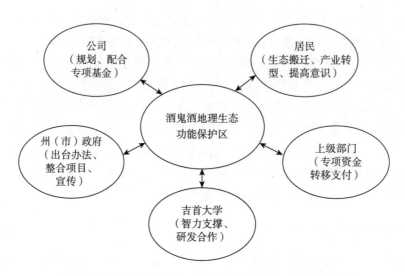

图1　各部门在酒鬼酒地理生态环境区生态功能保护中的主要职责关系

　　酒鬼酒地理生态环境保护区正处于"大湘西生态旅游长廊"中心地段,地理位置十分关键。保护区内的龙、凤、兽三眼泉为酒鬼酒的酿造水源,生产核心功能区及其周边的空气、水、土壤及植物资源等都为酒鬼酒工业生态功能持续稳定发挥提供了有效保障,从生物多样性保护、土壤保持、水源涵养及水文调蓄和沙漠化控制等方面对酒鬼酒地理生态环境保护区生态服务功能重要性进行的评价结果显示,各单项指标评价结果为比较重要、极重要、极重要和不重要,综合各项评价指标可以得出酒鬼酒地理生态环境保护区生态服务功能重要性等级为极重要,也就是说酒鬼酒地理生态环境保护区具有很高的保护和研究价值。由此可见,实施酒鬼酒地理生态环境保护区生态补偿制度是酒鬼酒地理生态环境保护区可持续发展的必然选择,也是酒鬼酒股份有限公司实现做大做强和可持续发展的必由之路。

第四部分

酒鬼酒地理生态环境保护区植物名录

酒鬼酒地理生态环境保护区维管束植物一览表

序号	科名	种名	学名	地理分布类型	生活习性	用途	生境特征
1	松科	马尾松	*Pinus massoniana*	北温带分布	常绿乔木	药用或材用	生于海拔1 500 m以下山地
2	杉科	杉木	*Cunninghamia lanceolata*	中国特有分布	常绿乔木	药用	栽培或野生
3	柏科	圆柏	*Juniperus chinensis*	北温带分布	常绿乔木	药用	海拔2 300 m以下山地,生于中性土、钙质土及微酸性土上,各地亦多栽培
4	三白草科	裸蒴	*Gymnotheca chinensis*	中国特有分布	无毛草本	药用	生于水旁或林谷中
5	三白草科	蕺菜	*Houttuynia cordata*	东亚(东喜马拉雅—日本)	多年生草本	药用或食用	生于山坡林下,田埂边,路旁或水沟边草丛中
6	胡椒科	毛山蒟	*Piper wallichii*	泛热带分布	攀援藤本	药用	生于林中荫处或湿润地,攀援于石壁上或树上,海拔310~2 600 m
7	杨柳科	垂柳	*Salix babylonica*	北温带分布	落叶乔木	观赏	栽培,为道旁、水边等绿化树种
8	胡桃科	胡桃	*Juglans regia*	北温带分布	落叶乔木	药用	生于海拔400~1 800 m的山坡及丘陵地带,我国平原及丘陵地区常见栽培,喜肥沃湿润的沙质土壤,常见于山区河谷两旁土层深厚的地方
9	胡桃科	化香树	*Platycarya strobilacea*	中国—喜马拉雅(SH)	落叶小乔木	材用	多生于海拔400~2 000 m山地,喜光树种
10	胡桃科	枫杨	*Pterocarya stenoptera*	中国—喜马拉雅(SH)	落叶乔木	药用或经济	生于海拔1 500 m以下的沿溪涧河滩,阴湿山坡地的林中

续表

序号	科名	种名	学名	地理分布类型	生活习性	用途	生境特征
11	桦木科	桤木	*Alnus cremastogyne*	北温带分布	落叶大乔木	材用	生于海拔 500~3 000 m 的山坡或岸边的林中,在海拔 1 500 m 地带可成纯林
12	壳斗科	板栗	*Castanea mollissima*	北温带分布	乔木或灌木	经济（食用或材用）	平地至海拔 2 800 m 山地,仅见栽培
13	壳斗科	麻栎	*Quercus acutissima*	北温带分布	落叶乔木	材用	生于海拔 60~2 200 m 的山地阳坡,成小片纯林或成混交林,在辽宁生于土层肥厚的低山缓坡。在河北、山东常生于海拔 1 000 m 以下阳坡,在西南地区分布至海拔 2 200 m
14	壳斗科	白栎	*Quercus fabri*	北温带分布	落叶乔木或灌木状	药用	生于海拔 50~1 900 m 的丘陵、山地杂木林中
15	榆科	珊瑚朴	*Celtis julianae*	泛热带分布	落叶乔木	观赏	多生于山坡或山谷林中或林缘,海拔 300~1 300 m
16	榆科	朴树	*Celtis sinensis*	泛热带分布	落叶乔木	观赏	多生于路旁、山坡、林缘,海拔 100~1 500 m
17	桑科	构树	*Broussonetia papyrifera*	热带亚洲（印度—马来西亚）分布	落叶乔木	药用	栽培或生于山坡、山腰,沙土、石灰岩疏林
18	桑科	水蛇麻	*Fatoua villosa*	热带亚洲、非洲和大洋洲间断分布	一年生草本	药用	多生于荒地或道旁、岩石及灌丛中
19	桑科	条叶榕	*Ficus pandurata*	泛热带分布	落叶小灌木	药用	生于山坡灌丛中、松、杉林下
20	桑科	异叶榕	*Ficus heteromorpha*	泛热带分布	落叶灌木	药用或观赏	生于山谷、溪边、林下
21	桑科	尾尖爬藤榕	*Ficus sarmentosa* var. *lacry-mans*	泛热带分布	攀缓灌木	药用或观赏	生于海拔 200~900 m 阔叶林中或岩石上
22	桑科	地枇杷	*Ficus tikoua*	泛热带分布	匍匐木质藤本	药用	生于海拔 400~1 000 m 较阴湿的山坡路边或灌丛中
23	桑科	构棘	*Maclura cochinchinensis*	东亚和北美洲间断分布	落叶灌木	药用	生于海拔 200~1 500 m 的阳光充足的荒坡、山地和溪旁

续表

序号	科名	种名	学名	地理分布类型	生活习性	用途	生境特征
24	桑科	桑树	*Morus alba*	北温带分布	乔木或灌木	药用或作饲料	山坡、宅旁栽培
25	大麻科	葎草	*Humulus scandens*	北温带分布	一或多年生缠绕草本	药用	常生于沟边、荒地、废墟、林缘边
26	荨麻科	苎麻	*Boehmeria nivea*	泛热带分布	多年生宿根性草本植物	药用	生于山谷林边或草坡,海拔200~1 700 m
27	荨麻科	水麻	*Debregeasia orientalis*	热带亚洲至热带非洲分布	灌木	药用	生于溪谷河流两岸潮湿地区,海拔300~2 800 m
28	荨麻科	蝎子草	*Girardinia diversifolia* sub-sp. *suborbiculata*	热带亚洲至热带非洲分布	一年生草本	药用	生于海拔50~800 m林下沟边或住宅旁阴湿处
29	荨麻科	糯米团	*Gonostegia hirta*	热带亚洲(印度—马来西亚)分布	多年生草本	药用	生于丘陵或低山林中,灌丛中,沟边草地,海拔100~1 000 m,在云贵高原一带可达1 500~2 700 m
30	荨麻科	紫麻	*Oreocnide frutescens*	热带亚洲(印度—马来西亚)分布	灌木稀小乔木	药用	生于海拔300~1 500 m的山谷和林缘半阴湿处或灌丛
31	荨麻科	矮冷水花	*Pilea peploides*	泛热带分布	一年生草本	药用或观赏	生于海拔200~950 m的山坡石缝阴湿处或长苔藓的岩石上
32	荨麻科	冷水花	*Pilea notata*	泛热带分布	多年生草本	药用	生于山谷、溪旁或林下阴湿处,海拔300~1 500 m
33	荨麻科	雾水葛	*Pouzolzia zeylanica*	热带亚洲、非洲和中、南美洲同断分布	多年生草本	药用	生于平地的草地上或田边,丘陵或低山的灌丛中或疏林中,沟边,海拔300~800 m,在云南南部可达1 300 m
34	荨麻科	多枝雾水葛	*Pouzolzia zeylanica* var. *mi-crophylla*	热带亚洲、非洲和中、南美洲同断分布	多年生草本或亚灌木	药用	生于平原或丘陵草地,田边或草坡上,海拔达500 m

续表

序号	科名	种名	学名	地理分布类型	生活习性	用途（纤维用或药用）	生境特征
35	荨麻科	荨麻	*Urtica fissa*	北温带和南温带间断分布"全温带"	多年生草本植物	纤维用或药用	生于山地林中或路边
36	蓼科	短毛金线草	*Antenoron filiforme* var. *neofiliforme*	东亚和北美洲间断分布	多年生直立草本	药用	生于山坡林下、林缘、山谷湿地,海拔150～2 200 m
37	蓼科	金荞麦	*Fagopyrum dibotrys*	旧世界温带	多年生草本	药用	生于山谷湿地,山坡灌丛,海拔250～3 200 m
38	蓼科	何首乌	*Fallopia multiflora*	世界分布	多年生草本	药用	生于山谷灌丛、路旁、山坡林下、沟边石隙,海拔200～3 000 m
39	蓼科	水蓼	*Polygonum hydropiper*	世界分布	一年生草本	药用	生于近水边,阴湿处
40	蓼科	杠板归	*Polygonum perfoliatum*	世界分布	一年生草本	药用	生于田边、路旁、山谷湿地,海拔80～2 300 m
41	蓼科	箭头蓼	*Polygonum sagittatum*	世界分布	一年生草本	药用	生于山谷、沟旁、水边,海拔90～2 200 m
42	蓼科	羊蹄	*Rumex japonicus*	世界分布	多年生草本	药用	生于田边路旁、河滩、沟边湿地,海拔30～3 400 m
43	苋科	牛膝	*Achyranthes bidentata*	泛热带分布	多年生草本	药用	生于屋旁、林缘、山坡草丛中
44	苋科	空心莲子草	*Alternanthera philoxeroides*	泛热带分布	挺水型水生植物	药用	适应性广,可生长于海拔0～2 700 m,发生区域除沟渠河湖水域外,还蔓生于旱地、果园、苗圃和宅旁
45	苋科	绿穗苋	*Amaranthus hybridus*	世界分布	一年生草本	观赏	生在田野、旷地或山坡,海拔400～1 100 m
46	苋科	刺苋	*Amaranthus spinosus*	世界分布	一年生草本	药用	生在旷地或园圃的杂草
47	苋科	苋	*Amaranthus tricolor*	世界分布	一年生草本	药用	栽培,有时逸为半野生
48	紫茉莉科	紫茉莉	*Mirabilis jalapa*	热带亚洲和热带美洲间断分布	一年生草本	药用或观赏	栽培
49	商陆科	商陆	*Phytolacca acinosa*	世界分布	多年生草本	药用	普遍野生于海拔500～3 400 m的沟谷、山坡林下、林缘路旁

续表

序号	科名	种名	学名	地理分布类型	生活习性	用途	生境特征
50	商陆科	垂序商陆	*Phytolacca americana*	世界分布	多年生草本	药用或观赏	栽培或常生于疏林下、路旁和荒地
51	马齿苋科	土人参	*Talinum paniculatum*	热带亚洲、非洲和中、南美洲间断分布	一年生或多年生草本	药用	栽植,有的逸为野生,生于阴湿地
52	落葵科	落葵薯	*Anredera cordifolia*	热带亚洲和热带美洲间断分布	多年生草质缠绕藤本	药用	栽培
53	石竹科	牛繁缕	*Myosoton aquaticum*	旧世界温带分布	二年生或多年生草本	药用	生于海拔350~2 700 m的河流两旁冲积沙地的低湿处或灌丛林缘和水沟旁
54	石竹科	漆姑草	*Sagina japonica*	北温带分布	一年生或二年生草本	药用或作饲料	生于海拔600~1 900 m间河岸沙质地、撂荒地或路旁草地
55	石竹科	繁缕	*Stellaria media*	世界分布	一年生草本	药用	以山坡、林下、田边、路旁为多
56	石竹科	雀舌草	*Stellaria alsine*	世界分布	一年生或二年生草本	药用	生于田间、溪岸或潮湿地
57	毛茛科	打破碗花花	*Anemone hupehensis*	世界分布	多年生草本植物	药用	生于海拔400~1 800 m低山、丘陵的草坡或沟边
58	毛茛科	小木通	*Clematis armandii*	中国—喜马拉雅(SH)	木质藤本	药用	生于山坡、山谷、路旁灌丛中、林边或水沟旁
59	毛茛科	山木通	*Clematis finetiana*	中国—喜马拉雅(SH)	木质藤本	药用	生于山坡疏林、溪边、路旁灌丛中或山谷石缝中
60	毛茛科	小蓑衣藤	*Clematis gouriana*	中国—喜马拉雅(SH)	木质藤本	药用	生于山坡、山谷灌丛中或沟边、路旁
61	毛茛科	大叶铁线莲	*Clematis heracleifolia*	中国—喜马拉雅(SH)	常绿藤本	药用	生于阴面山坡林缘或溪边灌丛中
62	毛茛科	丝瓜花	*Clematis lasiandra*	中国—喜马拉雅(SH)	攀援草质藤本	观赏	林中、山谷灌丛中、山谷林缘、山坡、山坡灌丛、石上、溪边、阳坡

续表

序号	科名	种名	学名	地理分布类型	生活习性	用途	生境特征
63	毛茛科	绣球藤	Clematis montana	中国—喜马拉雅(SH)	木质藤本	药用或观赏	生于海拔2 200~3 900 m 的山谷、林中或灌丛中
64	毛茛科	毛茛	Ranunculus japonicus	世界分布	多年生草本	药用	生于田野、路边、沟边、山坡杂草丛中
65	毛茛科	扬子毛茛	Ranunculus sieboldii	世界分布	多年生草本	药用或观赏	生于海拔300~2 500 m 的山坡林边、平原湿地
66	毛茛科	天葵	Semiaquilegia adoxoides	中国—喜马拉雅(SH)	多年生草本	药用	生于海拔100~1 050 m 间的疏林下、路旁或山谷地的较阴处
67	木通科	三叶木通	Akebia trifoliata	中国—喜马拉雅(SH)	落叶木质藤本	药用	生于海拔250~2 000 m 的山地沟谷边疏林或丘陵灌丛中
68	木通科	白木通	Akebia trifoliata subsp. australis	中国—喜马拉雅(SH)	落叶木质藤本	药用	生长在低海拔山坡林下草丛中或半阴处
69	防己科	木防己	Cocculus orbiculatus	泛热带分布	木质藤本	药用	生于灌丛、村边、林缘等处
70	防己科	金线吊乌龟	Stephania cepharantha	旧世界热带分布	草质、落叶、无毛藤本	药用	适应性较强,既见于村边、旷野、林缘等处土层深厚肥沃的地方(块根常入土很深),又见于石灰岩地区的石缝或石砾中(块根浮露地面)
71	防己科	千金藤	Stephania japonica	旧世界热带分布	草质藤本	药用	生长在路旁、沟边及山坡林下
72	五味子科	华中五味子	Schisandra sphenanthera	热带亚洲(印度—马来西亚)分布	落叶木质藤本	药用	生于海拔600~3 000 m 的湿润山坡边或灌丛中
73	蜡梅科	蜡梅	Chimonanthus praecox	中国特有分布	落叶灌木	观赏或药用	生于山地林中
74	樟科	猴樟	Cinnamomum bodinieri	热带亚洲至热带大洋洲分布	乔木	药用	生于路旁、沟边、疏林或灌丛中,海拔700~1 480 m
75	樟科	樟	Cinnamomum camphora	热带亚洲至热带大洋洲分布	常绿大乔木	观赏	常生于山坡或沟谷中,但常有栽培的

续表

序号	科名	种名	学名	地理分布类型	生活习性	用途	生境特征
76	樟科	香叶子	*Lindera fragrans*	热带亚洲（印度—马来西亚）分布	常绿小乔木或灌木	药用	生于海拔 700～2 030 m 的沟边、山坡灌丛中
77	樟科	山胡椒	*Lindera glauca*	热带亚洲（印度—马来西亚）分布	落叶小乔木	经济或药用	生于海拔 900 m 左右以下山坡、林缘、路旁
78	樟科	黑壳楠	*Lindera megaphylla*	热带亚洲（印度—马来西亚）分布	常绿乔木	经济	生于山坡、谷地湿润常绿阔叶林或疏灌丛中，海拔 1 600～2 000 m 处
79	樟科	绒毛山胡椒	*Lindera nacusua*	热带亚洲（印度—马来西亚）分布	常绿灌木或小乔木	观赏	林缘路边、路边疏灌丛，山谷、山谷密林下，山谷阴湿地，山坡常绿阔叶林、针阔混交林中
80	樟科	山橿	*Lindera reflexa*	热带亚洲（印度—马来西亚）分布	落叶灌木或小乔木	药用	生于海拔约 1 000 m 以下的山谷、山坡林下或灌丛中
81	樟科	木姜子	*Litsea pungens*	热带亚洲和热带美洲间断分布	落叶灌木或小乔木	药用	生于向阳的山地、灌丛、疏林或林中路旁、水边，海拔 500～3 200 m
82	樟科	湘楠	*Phoebe hunanensis*	热带亚洲和热带美洲间断分布	常绿小乔木或灌木	—	生于沟谷或水边
83	罂粟科	夏天无	*Corydalis decumbens*	北温带分布	草本无毛	药用	生于海拔 80～300 m 左右的山坡或路边
84	罂粟科	刻叶紫堇	*Corydalis incisa*	北温带分布	灰绿色直立草本	药用	生于近海平面至 1 800 m 的林缘、路边或疏林下
85	罂粟科	黄堇	*Corydalis pallida*	北温带分布	一年生草本	药用	生于丘陵或沟边潮湿处、墙脚、石缝或沟边草地
86	罂粟科	小花黄堇	*Corydalis racemosa*	北温带分布	灰绿色丛生草本	药用	生于海拔 400～1 600 的林缘阴湿地或路溪边
87	罂粟科	博落回	*Macleaya cordata*	中国—喜马拉雅（SH）	多年生大型草本	土农药	生长于 1 000 m 以下的丘陵、低草地和山麓荒坡上
88	罂粟科	尖距紫堇	*Corydalis sheareri*	北温带分布	多年生草本	药用或观赏	生长于 1 000 m 以下的丘陵、半阴低地和路边

续表

序号	科名	种名	学名	地理分布类型	生活习性	用途	生境特征
89	十字花科	芸苔	*Brassica rapa* var. *oleifera*	北温带分布	一年生草本	药用	栽培
90	十字花科	弯曲碎米荠	*Cardamine flexuosa*	世界分布	一年生或二年生草本	药用或作饲料	生于田边、路旁、草地
91	十字花科	弹裂碎米荠	*Cardamine impartiens*	世界分布	二年生草本	药用或作饲料	长于海拔150~3 500 m的水边、沟谷、路旁、山坡湿地和阴湿处
92	十字花科	白花碎米荠	*Cardamine leucantha*	世界分布	多年生草本	药用或作饲料	生于海拔200~2 000 m的路边、山坡湿草地、杂木林下及山谷沟边阴湿处
93	十字花科	异童叶碎米荠	*Cardamine circaeoides*	世界分布	一年生草本	药用或作饲料	生长于海拔在500 m左右的水沟、溪旁、山谷及林下湿润处
94	十字花科	蔊菜	*Rorippa indica*	世界分布	一、二年生直立草本	药用	生于路旁、田边、园圃、河边、屋边墙脚及山坡路旁等较潮湿处，海拔230~1 450 m
95	景天科	珠芽景天	*Sedum bulbiferum*	北温带和南温带分布间断分布"全温带"	多年生草本	观赏	路旁或山谷阴湿处
96	景天科	凹叶景天	*Sedum emarginatum*	北温带和南温带分布间断分布"全温带"	多年生草本	药用	生于海拔600~1 800 m处山坡阴湿处
97	景天科	垂盆草	*Sedum sarmentosum*	北温带和南温带分布间断分布"全温带"	多年生草本	药用	生于海拔1 600 m以下山坡阳处或石上
98	景天科	火焰草	*Castilleja pallida*	北温带和南温带分布间断分布"全温带"	多年生草本	药用或观赏	路边或山坡石缝中
99	景天科	石莲	*Sinocrassula indica*	中国—喜马拉雅(SH)	多年生草本	药用	生于山坡林缘岩石上及石缝中，海拔1 400~3 600 m
100	虎耳草科	虎耳草	*Saxifraga stolonifera*	北温带分布	多年生小草本	药用或观赏	生于海拔400~4 500 m的林下、灌丛、草甸和阴湿岩隙
101	海桐花科	崖花海桐	*Pittosporum illicioides*	旧世界热带分布	常绿灌木	药用	山坡沟边灌木丛中

序号	科名	种名	学名	地理分布类型	生活习性	用途	生境特征
102	金缕梅科	枫香树	Liquidambar formosana	东亚和北美洲间断分布	落叶乔木	药用	性喜阳光,多生于平地,村落附近及低山的次生林
103	杜仲科	杜仲	Eucommia ulmoides	中国特有分布	落叶乔木	药用	生长于海拔300～500 m的低山,谷地或低坡的疏林里,对土壤的选择并不严格,在瘠薄的红土或岩石啃壁均能生长
104	悬铃木科	二球悬铃木	Platanus acerifolia	北温带分布	落叶大乔木	观赏	久经栽培
105	蔷薇科	桃	Amygdalus persica	地中海区、西亚和东亚间断	落叶小乔木	药用或观赏	广泛栽培
106	蔷薇科	蛇莓	Duchesnea indica	热带亚洲（印度—马来西亚）分布	多年生草本	药用或观赏	生于山坡,河岸,草地,潮湿的地方
107	蔷薇科	枇杷	Eriobotrya japonica	东亚（东喜马拉雅—日本）	常绿小乔木,高可达10 m	药用或观赏	常栽种于村边,平地或坡边
108	蔷薇科	柔毛路边青	Geum japonicum var. chinense	北温带和南温带间断分布"全温带"	多年生草本	药用	生于山坡草地,田边,河边,灌丛及疏林下,海拔200～2 300 m
109	蔷薇科	椤木石楠	Photinia bodineri	东亚和北美洲间断分布	常绿乔木	药用或观赏	生于灌丛中,海拔600～1 000 m
110	蔷薇科	全缘火棘	Pyracantha atalantioides	地中海区、西亚和东亚间断分布	常绿灌木或小乔木	观赏	生于山坡或谷地灌丛疏林中,海拔500～1 700 m
111	蔷薇科	火棘	Pyracantha fortuneana	地中海区、西亚和东亚间断	常绿灌木	药用	生于低山沟边灌丛中
112	蔷薇科	小果蔷薇	Rosa cymosa	北温带分布	攀援灌木	药用	生于山坡或沟边
113	蔷薇科	软条七蔷薇	Rosa henryi	北温带分布	灌木	药用	生于山谷,林边,田边或灌丛中,海拔1 700～2 000 m
114	蔷薇科	金樱子	Rosa laevigata	北温带分布	常绿攀援灌木	药用	生长在野生向阳山坡

续表

序号	科名	种名	学名	地理分布类型	生活习性	用途	生境特征
115	蔷薇科	野蔷薇	*Rosa multiflora*	北温带分布	落叶灌木	药用或观赏	栽培或沟渠树林中常见
116	蔷薇科	插田泡	*Rubus coreanus*	世界分布	灌木	药用	生于海拔800~3 100 m的山坡灌丛或沟谷旁
117	蔷薇科	毛叶插田泡	*Rubus coreanus* var. *tomentosus*	世界分布	落叶、常绿灌木、亚灌木	食用	生于海拔800~3 100 m的山坡灌丛或沟谷旁
118	蔷薇科	白叶莓	*Rubus innominatus*	世界分布	灌木	药用	生于山坡疏林、灌丛中或山谷河旁,海拔400~2 500 m
119	蔷薇科	高粱泡	*Rubus lambertianus* Ser.	世界分布	半落叶藤状灌木	药用	生于低海拔山坡、山谷或路旁灌木丛中阴湿处或生于林缘及草坪
120	蔷薇科	空心泡	*Rubus rosaefolius*	世界分布	直立或攀援灌木	药用	生于山地杂木林内阴处,草坡或高山腐殖质土壤上,海拔达2 000 m
121	蔷薇科	灰白毛莓	*Rubus tephrodes*	世界分布	攀援灌木	药用	生于山坡、路旁或灌丛中,海拔达1 500 m
122	豆科	湖北羊蹄甲	*Bauhinia glauca* subsp. *hupehana*	泛热带分布	木质藤本	药用	生于灌木丛中、林中或山坡石缝中
123	豆科	云实	*Caesalpinia decapetala*	泛热带分布	藤本(落叶攀援灌木)	药用	平原地区常栽培作绿篱,生于山坡岩石旁、灌木丛中、河旁等
124	豆科	野扁豆	*Dunbaria villosa*	泛热带分布	多年生缠绕草本	药用	生于草丛或灌木丛中
125	豆科	大金刚藤	*Dalbergia dyeriana*	泛热带分布	大藤本	药用	生于山坡灌丛或山谷密林中,海拔700~1 500 m
126	豆科	黄檀	*Dalbergia hupeana*	泛热带分布	乔木	经济	生于山地林中或灌丛中,山沟溪旁及有小树林的坡地常见,海拔600~1 400 m
127	豆科	中南鱼藤	*Derris fordii*	泛热带分布	落叶木质藤本	药用或观赏	生于山地路旁或山谷的灌木林或疏林中
128	豆科	小槐花	*Ohwia caudata*	东亚和北美洲同断分布	直立灌木或亚灌木	药用	生于山坡、路旁草地、沟边、林缘或林下,海拔150~1 000 m

续表

序号	科名	种名	学名	地理分布类型	生活习性	用途	生境特征
129	豆科	野大豆	Glycine soja	热带亚洲至热带非洲分布	一年生缠绕草本	保护植物或食用	生于海拔150~2 650 m潮湿的田边、园边、沟旁、河岸、湖边、沼泽、草甸、沿海和岛屿向阳的矮灌木丛或芦苇丛中，稀见于沿河岸疏林下
130	豆科	马棘	Indigofera bungeana	泛热带分布	小灌木	药用	生长在海拔500~1 700 m的山坡灌木丛中和路旁
131	豆科	铁马鞭	Lespedeza pilosa	东亚和北美洲间断分布	多年生草本	药用	生于海拔1 000 m以下的荒山草地
132	豆科	香花崖豆藤	Callerya dielsiana	泛热带分布	攀援灌木	药用	生于山坡杂木林与灌丛中，或溪沟和路旁，海拔2 500 m
133	豆科	山蚂蝗	Hylodesmum podocarpum subsp. oxyphyllium	东亚和北美洲间断分布	半灌木	药用	生于山谷、沟边、林中或林边
134	豆科	老虎刺	Pterolobium punctatum	旧世界热带分布	木质藤本或攀援性灌木	药用	生于海拔300~2 000 m的山坡疏林阳处、路旁石山干旱地方以及石灰岩山上
135	豆科	葛	Pueraria montana	热带亚洲（印度—马来西亚）分布	多年生草质藤本植物	药用或观赏	生于丘陵地区的坡地上或疏林中，分布海拔高度约300~1 500 m处
136	豆科	鹿藿	Rhynchosia volubilis	泛热带分布	草质藤本	药用	生长在海拔500~1 000 m的山坡路边或沟旁
137	豆科	槐树	Styphnolobium japonicum	世界分布	落叶乔木	药用或作饲料	栽培或成为深根性喜阳光树种，适宜于湿润肥沃的土壤
138	豆科	救荒野豌豆	Vicia sativa	北温带和南温带间断分布"全温带"	一年生或二年生草本	药用或作饲料	逸生于山坡、路边及草地
139	酢浆草科	酢浆草	Oxalis corniculata	世界分布	多年生草本	药用	生于山坡草池、河谷沿岸、路边、田边、荒地或林下阴湿处等
140	酢浆草科	红花酢浆草	Oxalis corymbosa	世界分布	多年生草本	药用或观赏	逸生于低海拔的山地、田野、庭院和路边，适生于潮湿、疏松的土壤

续表

序号	科名	种名	学名	地理分布类型	生活习性	用途	生境特征
141	芸香科	宜昌橙	*Citrus cavaleriei*	热带亚洲(印度—马来西亚)分布	小乔木或灌木	药用或食用	生于高山陡崖、岩石旁、山脊或沿河谷坡地,自然分布的最高限约2 500 m 山地,也有栽培的
142	芸香科	柚	*Citrus maxima*	热带亚洲(印度—马来西亚)分布	乔木	药用	栽培
143	芸香科	吴茱萸	*Tetradium ruticarpum*	中国—喜马拉雅(SH)	灌木或小乔木	药用	生于平地至海拔1 500 m 山地疏林或灌木丛中,多见于向阳坡地
144	芸香科	枸橘	*Citrus trifoliata*	中国特有分布	落叶灌木或小乔木	药用	多栽培于荒地、路旁,或作庭园绿篱
145	芸香科	砚壳花椒	*Zanthoxylum dissitum*	泛热带分布	攀援藤木	—	生于海拔300~1 500 m 山地
146	芸香科	小花花椒	*Zanthoxylum micranthum*	泛热带分布	落叶乔木	药用	见于海拔300~900 m 坡地疏林中
147	芸香科	竹叶花椒	*Zanthoxylum armatum*	泛热带分布	落叶灌木	药用	多生于山坡疏林中
148	芸香科	崖椒	*Zathoxylum schinifolium*	泛热带分布	落叶灌木	药用	多生于山坡密林中
149	芸香科	野花椒	*Zanthoxylum simulans*	泛热带分布	灌木或小乔木	药用	见于平地、低丘陵或略高的山地疏林或密林下,喜阳光,耐干旱
150	楝科	苦楝	*Melia azedarach*	旧世界热带分布	落叶乔木植物	药用或观赏	生于低海拔旷野、路旁或疏林中,目前已广泛引种栽培
151	楝科	香椿	*Toona sinensis*	热带亚洲至热带大洋洲分布	落叶乔木	药用或经济	生于山地杂木林或疏林中,各地也广泛栽培
152	大戟科	铁苋菜	*Acalypha australis*	泛热带分布	一年生草本	药用	生于海拔20~1 200(1 900)m 平原或山坡较湿润耕地和空旷草地
153	大戟科	山麻杆	*Alchornea davidii*	旧世界热带分布	落叶灌木	观赏	生于海拔300~700(1 000)m 沟谷或溪畔、河边的坡地灌丛中,或栽种于坡地

续表

序号	科名	种名	学名	地理分布类型	生活习性	用途	生境特征
154	大戟科	假奓包叶	Discocleidion rufescens	中国—喜马拉雅（SH）	灌木或小乔木	药用	生于海拔 250～1 000 m 林中或山坡灌丛中
155	大戟科	通奶草	Euphorbia hypericifolia	泛热带分布	一年生草本	药用	生于旷野荒地，路旁，灌丛及田间
156	大戟科	泽漆	Euphorbia helioscopia	世界分布	一年生草本	药用	常见于山坡、路旁、沟沟边、湿地、荒地草丛中
157	大戟科	千根草	Euphorbia thymifolia	泛热带分布	一年生草本	药用	生于路旁、屋旁、草丛、稀疏灌丛等，多见于沙质土
158	大戟科	雀舌木	Leptopus chinensis	热带亚洲至热带大洋洲分布	小灌木	药用或观赏	生于海拔 200 m 以下山地林下阴湿处
159	大戟科	粗糠柴	Mallotus philippensis	旧世界热带分布	常绿小乔木	观赏	生于海拔 300～1 600 m 山地林中或林缘
160	大戟科	杠香藤	Mallotus repandus var. chrysocarpus	旧世界热带分布	攀缘灌木或藤本	药用	生于海拔 300～600 m 山地疏林中或林缘
161	大戟科	蓖麻	Ricinus communis	热带亚洲至热带非洲分布	一年生粗壮草本或亚草质灌木	药用	栽培
162	大戟科	乌桕	Sapium sebiferum	泛热带分布	落叶乔木	药用	生于旷野、塘边或疏林中
163	大戟科	油桐	Vernicia fordii	东亚（东喜马拉雅—日本）	落叶乔木	药用	通常栽培于海拔 1 000 m 以下丘陵山地
164	黄杨科	野扇花	Sarcococca ruscifolia	热带亚洲（印度—马来西亚）分布	常绿灌木	药用	生于山坡、林下或沟谷中，耐阴性强，海拔 200～2 600 m
165	马桑科	马桑	Coriaria nepalensis	地中海、东亚、新西兰和墨西哥—智利间断分布	落叶有毒灌木	药用	生于海拔 400～3 200 m 的灌丛中
166	漆树科	樟叶槭	Acer cinnamomifolium	东亚分布	常绿乔木	观赏	生于海拔 300～1 200 m 比较潮湿的阔叶林中
167	漆树科	紫槭	Acer cordatum	东亚分布	常绿乔木	观赏	生于海拔 500～1 200 m 的山谷疏林中
168	漆树科	飞蛾槭	Acer oblongum	东亚分布	常绿乔木	观赏	生于海拔 1 000～1 800 m 的阔叶林中

续表

序号	科名	种名	学名	地理分布类型	生活习性	用途	生境特征
169	漆树科	黄连木	Pistacia chinensis	地中海区至温带,热带亚洲,大洋洲和南美洲间断分布	落叶乔木	观赏	生于海拔140~3 550 m 的石山林中
170	漆树科	盐肤木	Rhus chinensis	北温带分布	灌木或小乔木	药用	生于海拔170~2 700 m 的向阳山坡、沟谷、溪边的疏林或灌丛中
171	漆树科	野漆树	Toxicodendron succedaneum	东亚和北美洲间断分布	落叶乔木或小乔木	药用	多生于山坡林中
172	冬青科	冬青	Ilex chinensis	世界分布	常绿乔木	药用	生于海拔500~1 000 m 的山坡常绿阔叶林中和林缘
173	卫矛科	卫矛	Euonymus alatus	泛热带分布	灌木	药用	生长于山坡、沟地边沿
174	无患子科	复羽叶栾树	Koelreuteria bipinnata	中国特有分布	乔木	药用	生于海拔400~2 500 m 的山地疏林中
175	鼠李科	光枝勾儿茶	Berchemia polyphylla var. leioclada	东亚和北美洲间断分布	落叶藤状灌木	药用	见于山坡、沟边灌丛或林缘,海拔100~2 100 m
176	鼠李科	枳椇	Hovenia acerba	中国—喜马拉雅(SH)	高大乔木	经济或药用	生于海拔2 100 m 以下的开阔地,山林缘或疏林中,庭院宅旁常有栽培
177	鼠李科	尼泊尔鼠李	Rhamnus napalensis	世界分布	直立或藤状灌木、稀乔木	染料	生于海拔1 800 m 以下的疏林或密林中,或灌丛中
178	鼠李科	冻绿	Rhamnus utilis	世界分布	落叶灌木	药用或观赏	生于海拔1 400 m 以下的灌木丛中
179	鼠李科	皱叶雀梅藤	Sageretia rugosa	热带亚洲和热带美洲间断分布	藤状或直立灌木	药用	常生于海拔2 100 m 以下的丘陵、山地林下或灌丛中
180	葡萄科	蛇葡萄	Ampelopsis glandulosa	东亚和北美洲间断分布	藤本	药用	生于海拔300~1 200 m 的山谷疏林或灌丛中
181	葡萄科	乌蔹莓	Cayratia japonica	旧世界热带分布	多年生草质藤本	药用	生于山谷林中或山坡灌丛,海拔300~2 500 m

续表

序号	科名	种名	学名	地理分布类型	生活习性	用途	生境特征
182	葡萄科	三叶崖爬藤	*Tetrastigma hemsleyanum*	热带亚洲至热带大洋洲分布	多年生草质藤本,攀援	药用	生于海拔800 m左右的岩石缝中
183	葡萄科	华南美丽葡萄	*Vitis bellula* var. *pubigera*	北温带分布	落叶木质藤本植物	食用或药用	生于山坡林缘、崖石或灌丛,海拔400~1 500 m
184	葡萄科	刺葡萄	*Vitis davidii*	北温带分布	落叶木质藤本	食用或药用	生长于较阴湿的山谷,沟边或林下灌丛中
185	葡萄科	毛葡萄	*Vitis heyneana*	北温带分布	木质藤本	药用	生于山坡,沟谷灌丛,林缘或林中,海拔100~3 200 m
186	葡萄科	网脉葡萄	*Vitis wilsonae*	北温带分布	木质藤本	药用	生于山坡灌丛、林下或溪边林中,海拔400~2 000 m
187	葡萄科	大果俞藤	*Yua austro-orientalis*	东亚和北美洲间断分布	木质藤本	药用或观赏	生于山坡沟谷林中或林缘灌木丛、攀援树上或铺散在岩边抑或山坡野地,海拔100~900 m
188	椴树科	甜麻	*Corchorus aestuans*	中国—喜马拉雅(SH)	一年生草本	药用	生于丘陵或低山干燥山坡或石处
189	椴树科	扁担杆	*Grewia biloba*	旧世界热带分布	落叶灌木或小乔木	药用	生于海拔800 m以下山坡灌木丛中
190	锦葵科	木芙蓉	*Hibiscus mutabilis*	泛热带分布	常绿乔木或灌木	药用或观赏	生于山坡或栽培
191	锦葵科	肖梵天花	*Urena lobata*	泛热带分布	直立亚灌木状草本	药用	生于海拔500~1 500 m的草坡,山边灌丛和路旁
192	梧桐科	梧桐	*Firmiana simplex*	中国—喜马拉雅(SH)	落叶乔木	药用或观赏	多为人工栽培,好生于温暖湿润的环境,在沙质土壤上生长较好
193	猕猴桃科	京梨猕猴桃	*Actinidia callosa* var. *henryi*	东亚(东喜马拉雅—日本)	藤本	药用	喜生于山谷溪涧边或其他湿润处

酒鬼酒地理生态环境保护区自然生态背景调查及生态功能研究

续表

序号	科名	种名	学名	地理分布类型	生活习性	用途	生境特征
194	山茶科	油茶	Camellia oleifera	热带亚洲(印度—马来西亚)分布	常绿灌木或小乔木	药用或经济	栽培
195	山茶科	短柱柃	Eurya brevistyla	热带亚洲和热带美洲间断分布	落叶灌木	观赏	生于山坡林下,海拔200~100 m
196	藤黄科	元宝草	Hypericum sampsonii	世界分布	多年生草本	药用	生于路旁、山坡、草地、灌丛、田边、沟边等处,海拔100~1 200 m
197	堇菜科	蔓茎堇菜	Viola diffusa	世界分布	多年生草本	药用或观赏	沟边,林下或草丛中
198	堇菜科	紫花地丁	Viola philippica	世界分布	多年生有毛或近无毛草本	药用	生于田间、荒地、山坡草丛、林缘或灌丛中
199	大风子科	柞木	Xylosma racemosum	泛热带分布	常绿灌木或小乔木	经济或观赏	生于海拔800 m以下的林边、丘陵和平原或村边附近灌丛中
200	胡颓子科	银果胡颓子	Elaeagnus magna	北温带分布	落叶直立散生灌木	食用或观赏	生于海拔100~1 200 m的山地、路旁、河边向阴的沙质土壤上
201	胡颓子科	木半夏	Elaeagnus multiflora	北温带分布	落叶直立灌木	药用	野生或栽培
202	八角枫科	八角枫	Alangium chinense	旧世界热带分布	落叶乔木或灌木	药用	生于海拔1 800 m以下的山地或疏林中
203	八角枫科	瓜木	Alangium platanifolium	旧世界热带分布	落叶灌木或小乔木	药用	生于沟谷或山坡
204	五加科	白簕	Eleutherococcus trifoliatus	东亚(东喜马拉雅—日本)	灌木	药用	生于高山、灌丛中、林缘、林中、路边、山坡、湿地、杂木林中
205	五加科	楤木	Aralia chinensis	泛热带分布	小乔木或灌木	药用	生于山沟、林缘和山坡
206	五加科	常春藤	Hedera nepalensis var. sinensis	热带亚洲至热带非洲分布	常绿攀援藤本	药用或观赏	攀援在林缘的其他树干上

续表

序号	科名	种名	学名	地理分布类型	生活习性	用途	生境特征
207	五加科	刺楸	*Kalopanax septemlobus*	中国—喜马拉雅(SH)	落叶乔木	药用或观赏	多生于阳性森林、灌木林中和林缘，水湿丰富，腐殖质较多的密林，向阴山坡，甚至岩质山地也能生长，除野生外，也有栽培
208	伞形科	积雪草	*Centella asiatica*	泛热带分布	多年生草本	药用	喜生于阴湿的草地或水沟边，海拔200~1900 m
209	伞形科	鸭儿芹	*Cryptotaenia japonica*	北温带分布	多年生草本	药用	通常生于海拔200~2400 m的山地，山沟及林下较阴湿的地区
210	伞形科	天胡荽	*Hydrocotyle sibthorpioides*	泛热带分布	多年生草本	药用	通常生长在湿润的草地，河沟边、林下，海拔475~3000 m
211	伞形科	水芹	*Oenanthe javanica*	北温带分布	蔓性草本	药用或食用	生活在河沟、水田旁，以土质松软、土层深厚肥沃，富含有机质，保肥保水力强的黏质土壤为宜，海拔100~1000 m
212	伞形科	薄片变豆菜	*Sanicula lamelligera*	世界分布	多年生矮小草本	药用	生于海拔510~2000 m的山坡林下、沟谷、溪边及湿润的沙质土壤
213	伞形科	窃衣	*Torilis scabra*	地中海区、西亚和东亚间断分布	一年生或多年生草本	药用	生长在山坡、林下、路旁，河沟边及空旷草地上，海拔250~2400 m
214	山茱萸科	灯台树	*Bothrocaryum controversum*	东亚和北美洲间断分布	落叶乔木	观赏	生于海拔250~2600 m的常绿阔叶林或针阔叶混交林中
215	山茱萸科	梾木	*Swida macrophylla*	北温带分布	乔木	经济	生于海拔72~3000 m的山谷森林中
216	紫金牛科	江南紫金牛	*Ardisia faberi*	泛热带分布	小灌木或亚灌木	药用	生于海拔1000~1300 m的山谷疏密林下，阴湿处、水旁、路边或石缝间
217	紫金牛科	紫金牛	*Ardisia japonica*	泛热带分布	小灌木或亚灌木	药用	习见于海拔约1200 m以下的山间林下或竹林下阴湿的地方
218	报春花科	过路黄	*Lysimachia christinae*	世界分布	多年生草本	药用	山坡、路旁

续表

序号	科名	种名	学名	地理分布类型	生活习性	用途	生境特征
219	报春花科	珍珠菜	Lysimachia clethroides	世界分布	多年生草本	药用	生于疏林下湿润处或溪边近水潮湿处,海拔300~1 700 m
220	报春花科	巴东过路黄	Lysimachia patungensis	世界分布	多年生匍匐草本	—	生于山谷溪边和林下,垂直分布上限可达海拔1 000 m
221	报春花科	腺药珍珠菜	Lysimachia stenosepala	世界分布	多年生草本	—	生于山谷林缘、溪边和山坡草地湿润处,海拔850~2 500 m
222	木犀科	华清香藤	Jasminum sinense	泛热带分布	大型攀援灌木	药用	生于山坡、灌丛、山谷密林中,海拔2 200 m以下
223	木犀科	女贞	Ligustrum lucidum	地中海区、西亚和东亚间断分布	常绿灌木或乔木,高6~10 m	—	生于山坡、路边和宅旁
224	木犀科	小蜡	Ligustrum sinense	地中海区、西亚和东亚间断分布	落叶灌木或小乔木	观赏	生于山坡、山谷、溪边、河旁、路边的密林,疏林或山坡混交林中,海拔200~2 600 m
225	木犀科	多毛小蜡	Ligustrum sinense var. coryanum	地中海区、西亚和东亚间断分布	落叶灌木或小乔木	药用或观赏	生于山坡灌丛或疏林中
226	木犀科	木犀	Osmanthus fragrans	东亚和北美洲间断分布	常绿乔木或灌木	药用或观赏	生于山坡或栽培
227	马钱科	醉鱼草	Buddleja lindleyana	泛热带分布	落叶灌木	观赏	生于山坡、林缘或河边土坎上
228	马鞭草科	牡荆	Vitex negundo var. cannabifolia	泛热带分布	灌木或小乔木	药用观赏	生于海拔200~2 700 m的山坡
229	夹竹桃科	夹竹桃	Nerium oleander	地中海区、西亚(或中亚)和东亚间断分布	常绿直立大灌木	药用	常在公园、风景区、道路旁或河旁、湖旁周围栽培

续表

序号	科名	种名	学名	地理分布类型	生活习性	用途	生境特征
230	夹竹桃科	络石	*Trachelospermum jasminoides*	东亚和北美洲间断分布	常绿木质藤本	药用或观赏	生于山野、溪边、路旁、林缘或杂木林中，常缠绕于树上或攀援于墙壁上、岩石上，亦有移栽于庭园圃，供观赏
231	萝摩科	牛皮消	*Cynanchum auriculatum*	泛热带分布	蔓性半灌木	药用	生长于从低海拔的沿海地区直到3 500 m高的山坡林缘及路旁灌木丛中或河流、水沟边潮湿地
232	旋花科	日本菟丝子	*Cuscuta japonica*	泛热带分布	一年生寄生缠绕草本	药用	生于山坡、沟边或路旁
233	旋花科	马蹄金	*Dichondra micrantha*	泛热带分布	多年生匍匐小草本	药用	生于海拔1 300~1 980 m，山坡草地、路旁或沟边
234	旋花科	北鱼黄草	*Merremia sibirica*	泛热带分布	缠绕草本	药用	生于海拔600~2 800 m的路边、田边、山地草丛或山坡灌丛
235	紫草科	大叶附地菜	*Trigonotis macrophylla*	温带亚洲分布	多年生草本	药用	生于山地林缘或草地
236	紫草科	附地菜	*Trigonotis peduncularis*	温带亚洲分布	一年生或二年生草本	药用或观赏	广布于田野、路旁、荒草地或丘陵林间
237	马鞭草科	臭牡丹	*Clerodendrum bungei*	泛热带分布	小灌木	药用或观赏	生于海拔2 500 m以下的山坡、林缘、沟谷、路旁、灌丛润湿处
238	茄科	假酸浆	*Nicandra physalodes*	泛热带分布	多年生草本	药用或观赏	生于田边、荒地、屋园间圃、篱笆边
239	马鞭草科	黄荆	*Vitex negundo*	泛热带分布	灌木或小乔木	药用	生于山坡路旁或灌木丛中
240	唇形科	筋骨草	*Ajuga ciliata*	旧世界温带分布	一年生或二年生草本	药用	生于山谷溪旁、阴湿的草地上、林下湿润处及路旁草丛中，海拔340~1 800 m
241	茄科	颠茄	*Atropa belladonna*	地中海区、西亚至中亚分布	多年生草本，或因栽培为一年生	药用	多年生栽培

续表

序号	科名	种名	学名	地理分布类型	生活习性	用途	生境特征
242	唇形科	风轮菜	Clinopodium chinense	北温带分布	多年生草本	药用	生于山坡,草丛,路边,沟边,灌丛,林下,海拔在1 000 m以下
243	唇形科	剪刀草	Clinopodium gracile	北温带分布	一年生草本	药用	生于山坡,草丛,路边,沟边,灌丛,林下,海拔在1 000 m以下
244	唇形科	活血丹	Glechoma longituba	北温带分布	多年生草本	药用或观赏	生于海拔50~2 000 m的林缘,疏林下,草地上或溪边等阴湿处
245	唇形科	夏至草	Lagopsis supina	旧世界温带	多年生草本	药用	生于路旁,旷地上,在西北,西南各省区海拔可高达2 600 m以上
246	唇形科	益母草	Leonurus japonicus	旧世界温带	一年生或二年生草本	药用	为杂草,生长于多种生境,尤以阳处为多,海拔可高达3 400 m
247	唇形科	小鱼仙草	Mosla dianthera	东亚(东喜马拉雅—日本)	一年生草本	药用	生于山坡,路旁或水边,海拔175~2 300 m
248	唇形科	香薷	Elsholtzia ciliata	旧世界温带	多年生草本	药用	生于山坡,路旁及弃耕地
249	唇形科	紫苏	Perilla frutescens	东亚(东喜马拉雅—日本)	一年生草本	药用	喜温暖向阳环境,适栽于疏松肥沃的土壤
250	唇形科	夏枯草	Prunella vulgaris	北温带分布	多年生草本	药用	生于荒坡,草地,溪边及路旁等湿润地上,海拔高可达3 000 m
251	唇形科	贵州鼠尾草	Salvia cavaleriei	世界分布	一年生多年生草本	药用	生长在林下,岩石的山坡上和水沟边
252	唇形科	荔枝草	Salvia plebeia	世界分布	一年生或二年生草本	药用	生于山坡,路边,荒地,河边
253	唇形科	针筒菜	Stachys oblongifolia	世界分布	多年生草本	药用	生于林下,河岸,竹丛,灌丛,苇丛,草丛及湿地中,海拔210~1 350 m
254	茄科	苦蘵	Physalis angulata	东亚和北美洲间断分布	一年生草本	药用	生长于山谷林下及村边路旁

续表

序号	科名	种名	学名	地理分布类型	生活习性	用途	生境特征
255	茄科	白英	*Solanum lyratum*	世界分布	草质藤本	药用	生于山谷草地或路旁、田边,海拔 600 ~ 2 800 m
256	茄科	龙葵	*Solanum nigrum*	世界分布	一年生草本	药用	生于田边,路旁或荒地
257	茄科	珊瑚樱	*Solanum pseudocapsicum*	世界分布	直立分枝小灌木,全体无毛	—	喜温暖的环境,要求肥沃、疏松的土壤,栽培
258	玄参科	母草	*Lindernia crustacea*	东亚和北美洲间断分布	一年生草本	药用	生于田边,草地,路边等低湿处
259	玄参科	通泉草	*Mazus pumilus*	热带亚洲至热带大洋洲分布	一年生草本	药用	生于海拔 2 500 m 以下的湿润的草坡、沟边、路旁及林缘
260	玄参科	弹刀子菜	*Mazus stachydifolius*	热带亚洲至热带大洋洲分布	多年生草本	观赏	生于海拔 1 500 m 以下的较湿润的路旁、草坡及林缘
261	玄参科	泡桐	*Paulownia fortunei*	中国—喜马拉雅(SH)	落叶乔木	药用或材用	栽培
262	玄参科	婆婆纳	*Veronica polita*	北温带和南温带间断分布"全温带"	一年生或越年生草本	药用	生于荒地
263	玄参科	阿拉伯婆婆纳	*Veronica persica*	北温带和南温带间断分布"全温带"	铺散多分枝草本	药用或观赏	为归化的路边及荒野杂草
264	玄参科	宽叶腹水草	*Veronicastrum latifolium*	东亚和北美洲间断分布	多年生草本	药用	生于林中或灌丛中,有时倒挂于岩石山上
265	玄参科	细穗腹水草	*Veronicastrum stenostachyum*	东亚和北美洲间断分布	多年生草本	药用	生于海拔 1 300 m 以下的沟边、山坡、荒山或灌木丛中
266	玄参科	腹水草	*Veronicastrum stenostachyum* subsp. *plukenetii*	东亚和北美洲间断分布	多年生宿根草本	药用	常见于灌丛中、林下及阴湿处

续表

序号	科名	种名	学名	地理分布类型	生活习性	用途	生境特征
267	苦苣苔科	半蒴苣苔	Hemiboea subcapitata	越南(或中南半岛)至华南(或西南)分布	多年生草本	药用或观赏	生于山谷林下或沟边阴湿处
268	苦苣苔科	吊石苣苔	Lysionotus pauciflorus	中国—喜马拉雅(SH)	常绿半灌木	药用	生于丘陵或山地林中或阴湿处,石崖上或树上,海拔300~2 000 m
269	葫芦科	绞股蓝	Gynostemma pentaphyllum	热带亚洲(印度—马来西亚)分布	草质藤本	药用	生于海拔300~3 200 m的山谷密林中、山坡疏林、灌丛中或路旁草丛中
270	葫芦科	南赤瓟	Thladiantha nudiflora	热带亚洲至热带非洲分布	多年生蔓性草本	药用	常生于海拔900~1 700 m的沟边、林缘或山坡灌丛中
271	葫芦科	王瓜	Trichosanthes cucumeroides	热带亚洲至热带大洋洲分布	多年生攀援藤本	药用	生于海拔600(250)~1 700 m的山谷密林中或山坡疏林中或灌丛中
272	葫芦科	栝楼	Trichosanthes kirilowii	热带亚洲至热带大洋洲分布	攀援藤本	药用	生于海拔200~1 800 m的山坡林下、灌丛中、草地和村旁田边
273	茜草科	猪殃殃	Galium spurium	世界分布	多年生草本植物	药用	生于潮湿林地、沼泽、河岸和海滨
274	茜草科	六叶葎	Galium hoffmeisteri	世界分布	一年生草本	观赏	生于山坡、沟边、河滩、草地的草丛或灌丛中及林下,海拔920~3 800 m
275	茜草科	线梗拉拉藤	Galium comari Lévl. et Van.	中国特有分布	一年生草本	观赏	生于山地、旷野、河边的林下、灌丛或草地,海拔260~2 200 m
276	茜草科	大叶白纸扇	Mussaenda shikokiana	旧世界热带分布	直立或藤状灌木	药用	生于山坡水沟边或竹林下阴湿处
277	茜草科	日本蛇根草	Ophiorrhiza japonica	热带亚洲(印度—马来西亚)分布	草本	药用或观赏	生长于山坡、常绿阔叶林下的沟谷沃土上
278	茜草科	鸡矢藤	Paederia foetida	热带亚洲(印度—马来西亚)分布	多年生缠绕藤本	药用	山地、路旁、岩石缝、田埂等地

续表

序号	科名	种名	学名	地理分布类型	生活习性	用途	生境特征
279	茜草科	金剑草	*Rubia alata*	北温带和南温带间断分布"全温带"	草质攀援藤本	—	通常生于海拔1 500 m以下（有时可达约2 000 m）的山坡林缘或灌丛中，亦见于村边和路旁
280	茜草科	茜草	*Rubia cordifolia*	北温带和南温带间断分布"全温带"	多年生攀援草本	药用	生于山坡岩石旁或沟边草丛中
281	茜草科	六月雪	*Serissa japonica*	中国—喜马拉雅(SH)	常绿灌木	药用	生于林边、灌丛中
282	爵床科	爵床	*Justicia procumbens*	热带亚洲、非洲（或东非、马达加斯加）和大洋洲间断分布	一年生匍匐草本	药用	生于旷野草地和路旁的阴湿处
283	车前科	车前	*Plantago asiatica*	世界分布	多年生草本	药用	生于山坡、路旁
284	车前科	平车前	*Plantago depressa*	东亚分布	一年生或二年生草本	药用	生于草地、河滩、沟边、草甸、田间及路旁，海拔5~4 500 m
285	桔梗科	金钱豹	*Campanumoea javanica*	爪哇（或苏门答腊）、喜马拉雅间断或星散分布到华南、西南	草质缠绕藤本	观赏	生于海拔400~1 800 m的向阳草坡或丛林中
286	五福花科	接骨草	*Sambucus javanica*	北温带和南温带间断分布"全温带"	高大草本或半灌木	药用	生于山坡林缘
287	五福花科	粉团	*Viburnum plicatum*	北温带分布	落叶灌木	观赏	生于山坡、山谷混交林内及沟谷旁灌丛中，海拔240~1 800 m
288	忍冬科	忍冬	*Lonicera japonica*	北温带分布	缠绕藤本，落叶或常绿	药用或观赏	生于山坡沟边
289	忍冬科	灰毡毛忍冬	*Lonicera macrantha*	北温带分布	藤本	药用或观赏	生长在1 800 m以下山坡、山顶混交林内、山谷溪旁或灌丛中

续表

序号	科名	种名	学名	地理分布类型	生活习性	用途	生境特征
290	川续断科	日本续断	*Dipsacus japonicus*	旧世界温带	多年生草本	药用	生于山坡草地较湿处或溪沟旁、阴坡草地亦有生长
291	小檗科	蒙猪刺	*Berberis julianae*	北温带分布	小灌木	药用或观赏	生于山坡林下、林缘或沟边
292	小檗科	三枝九叶草	*Epimedium sagittatum*	旧世界温带	多年生草本	观赏	生于山坡林下或路旁岩石缝中、沟边,灌丛中,林中阴湿地,山谷边石缝中,山坡林下,山坡草丛中
293	小檗科	台湾十大功劳	*Mahonia japonica*	东亚和北美洲间断分布	灌木	观赏	生于林中或灌丛中,海拔 800～3 350 m
294	菊科	藿香蓟	*Ageratum conyzoides*	热带亚洲和热带美洲间断分布	一年生草本	药用	生于山谷、山坡林下或林缘、河边荒地,田边或荒地上
295	菊科	黄花蒿	*Artemisia annua*	北温带分布	一年生草本	药用	生长在路旁、荒地、山坡、林缘等处
296	菊科	蒙古蒿	*Artemisia mongolica*	北温带分布	多年生草本	药用或作饲料	常生长在河岸沙地、草甸、河谷、撂荒地上,也经常侵入耕地、路旁
297	菊科	魁蒿	*Artemisia princeps*	北温带分布	多年生草本	药用	多生于低海拔或中海拔地区的路旁、山坡、灌丛、林缘及沟边
298	菊科	三脉紫菀	*Aster trinervius* subsp. *ageratoides*	北温带分布	多年生草本	药用	生于林下、林缘、灌丛及山谷湿地
299	菊科	鬼针草	*Bidens pilosa*	世界分布	一年生草本植物	药用	生于村旁、路边及荒地中
300	菊科	金盏银盘	*Bidens biternata*	世界分布	多年生草本	药用	生于路边、村旁及荒地中
301	菊科	天名精	*Carpesium abrotanoides*	旧世界温带	多年生粗壮草本	药用	生于村旁、路边荒地、溪边及林缘,垂直分布可达海拔 2 000 m

续表

序号	科名	种名	学名	地理分布类型	生活习性	用途	生境特征
302	菊科	石胡荽	Centipeda minima	热带亚洲、大洋洲（至新西兰）和南美洲（或墨西哥）间断分布	一年生草本	药用	生于路旁、荒野阴湿地
303	菊科	小蓬草	Erigeron canadensis	泛热带分布	一年生草本	药用	常生长于旷野、荒地、田边和路旁，为一种常见的杂草
304	菊科	野茼蒿	Crassocephalum crepidioides	热带亚洲至热带非洲分布	直立草本	药用	山坡路旁、水边、灌丛中常见，海拔300~1800 m
305	菊科	鳢肠	Eclipta prostrata	泛热带分布	一年生草本	药用	生于河边、田边或路旁
306	菊科	一年蓬	Erigeron annuus（Linn.）Pers.	世界分布	一年生或二年生草本	药用	常生于路边旷野或山坡荒地
307	菊科	白头婆	Eupatorium japonicum	泛热带分布	多年生草本	药用	生于山坡草地、林下、灌丛中、水湿地及河岸水旁
308	菊科	鼠曲草	Pseudognaphalium affine	世界分布	二年生草本	药用	生于山坡、路旁、田边
309	菊科	秋鼠曲草	Pseudognaphalium hypoleucum	世界分布	粗壮草本	药用	生于空旷沙土地或山地路旁及山坡上，海拔200~800 m
310	菊科	泥胡菜	Hemisteptia lyrata	东亚（东喜马拉雅—日本）	二年生草本	药用	生于山坡、山谷、平原、丘陵、林缘、林下、草地、荒地、田间、河边、路旁等处，海拔50~3280 m
311	菊科	马兰	Aster indicus	温带亚洲分布	多年生草本	药用	生于旷野、路旁、河边
312	菊科	高大翅果菊	Lactuca raddeana	热带亚洲（印度—马来西亚）分布	多年生草本	观赏	生于山谷或山坡林缘、林下、灌丛中或路边
313	菊科	翅果菊	Lactuca indica	热带亚洲（印度—马来西亚）分布	一年生或二年生草本	药用	生于山坡、灌丛中、田间、路旁草丛中

续表

序号	科名	种名	学名	地理分布类型	生活习性	用途	生境特征
314	菊科	千里光	Senecio scandens Buch.-Ham. ex D. Don	世界分布	多年生攀援草本	药用	常生于森林、灌丛中、攀援于灌木、岩石上或溪边,海拔50~3 200 m
315	菊科	华麻花头	Rhaponticum chinense	旧世界温带	多年生草本	药用	生于山坡草地或林缘、林下、灌丛中或丛缘等,海拔1 150~3 500 m
316	菊科	豨莶	Siegesbeckia orientalis	泛热带分布	一年生草本	药用	生于山野、荒草地、灌丛、林缘及林下,也常见于耕地中,海拔110~2 700 m
317	菊科	腺梗豨莶	Sigesbeckia pubescens	泛热带分布	一年生草本	药用	生于山坡、山谷林下的草坪中、河谷、溪边、河滩潮湿地、旷野、耕地边等处也常见,海拔160~3 400 m
318	菊科	苣荬菜	Sonchus wightianus	北温带分布	多年生草本	药用	生于山坡草地,林间草地、潮湿地或近水旁、村边或河边砾石滩,海拔300~2 300 m
319	菊科	苍耳	Xanthium strumarium	世界分布	一年生草本	药用	常生于长平原、丘陵、低山、荒野路边、田边
320	菊科	黄鹌菜	Youngia japonica	东亚(东喜马拉雅—日本)	一年生或多年生草本	药用	生于路旁、溪边、草丛、水沟旁、墙上或墙角等阴凉潮湿处
321	菊科	野菊花	Zinnia peruviana	热带亚洲和热带美洲间断分布	多年生草本	药用	生于山坡、草地或路边
322	禾本科	荩草	Arthraxon hispidus	热带亚洲至热带非洲分布	多年生草本	观赏或经济用	广布于山坡草地阴湿处
323	禾本科	矛叶荩草	Arthraxon lanceolatus	热带亚洲至热带非洲分布	多年生草本	观赏	多生于山坡、旷野及沟边阴湿处
324	禾本科	看麦娘	Alopecurus aequalis	热带亚洲至热带非洲分布	一年生草本	—	广布于地势较低的耕地、路旁
325	禾本科	野燕麦	Avena fatua	北温带分布	一年生草本	作饲料	生于荒芜田野或为田间杂草

序号	科名	种名	学名	地理分布类型	生活习性	用途	生境特征
326	禾本科	凤尾竹	Bambusa multiplex var. multipley	热带亚洲、非洲和中、南美洲间断分布	常绿丛生灌木（多年生木质化植物）	观赏	栽培
327	禾本科	硬秆子草	Capillipedium assimile	旧世界热带分布	多年生、亚灌木状草本	—	生于河边、林中或湿地上
328	禾本科	狗牙根	Cynodon dactylon	泛热带分布	多年生低矮草本	药用	多生长于村庄附近、道旁河岸、荒地山坡，其根茎蔓延力很强，广铺地面，为良好的固堤保土植物，常用以铺建草坪或球场；唯生长于果园或耕地时，为难除灭的有害杂草
329	禾本科	马唐	Digitaria sanguinali	世界分布	一年生草本	药用	生于田野、河边润湿的地方
330	禾本科	牛筋草	Eleusine indica	泛热带分布	一年生草本	药用	多生于荒芜之地及道路旁
331	禾本科	画眉草	Eragrostis pilosa	北温带分布	一年生草本	药用或经济	多生于荒芜田野地上
332	禾本科	牛虱草	Eragrostis unioloides	北温带分布	一年生或多年生	—	生于荒山、草地、庭园、路旁等地
333	禾本科	丝茅	Imperata cylindrica var. major	泛热带分布	多年生草本	药用	本种适应性强，生态幅度广，自谷地河床至干旱草地，是森林砍伐或火烧迹地的先锋植物，也是空旷地、果园地、撂荒地以及田坎、堤岸和路边极常见的植物和杂草
334	禾本科	箬竹	Indocalamus tessellatus	热带亚洲（印度—马来西亚）分布	竹类植物	药用或观赏	生于山坡、丘陵、沟谷林中、山坡路旁，海拔300～1 400 m
335	禾本科	算盘竹	Indosasa glabrata	越南（或中南半岛）至华南（或西南）分布	乔木状竹类	观赏	多生于空旷山坡地或山顶
336	禾本科	淡竹叶	Lophatherum gracile	热带亚洲至热带大洋洲分布	多年生草本	药用	生于山坡、林地或林缘、道旁蔽荫处

续表

序号	科名	种名	学名	地理分布类型	生活习性	用途	生境特征
337	禾本科	五节芒	*Miscanthus floridulus*	热带亚洲至热带非洲分布	多年生草本	观赏	生于低海拔撂荒地与丘陵潮湿谷地和山坡或草地
338	禾本科	芒	*Miscanthus sinensis*	热带亚洲至热带非洲分布	多年生草本	观赏	生于低海拔撂荒地与丘陵潮湿谷地和山坡或草地
339	禾本科	狼尾草	*Pennisetum alopecuroides*	泛热带分布	一年生或多年生草本植物	药用	多生于海拔50～3 200 m的田岸、荒地、道旁及小山坡上
340	禾本科	篌竹	*Phyllostachys nidularia*	东亚（东喜马拉雅—日本）	双子叶被子植物	药用或观赏	多为野生，分布于溪边山谷、山坡林缘
341	禾本科	早熟禾	*Poa annua*	世界分布	一年生或多年生禾草	—	生于平原和丘陵的路旁草地、田野水沟或阴蔽荒坡湿地，海拔100～4 800 m
342	禾本科	鹅观草	*Roegneria kamoji*	旧世界温带	多年生草本	饲用	广布于山坡、路旁
343	禾本科	棕叶狗尾草	*Setaria palmifolia*	泛热带分布	多年生草本	药用	生于山坡、山谷的阴湿处或林下
344	禾本科	皱叶狗尾草	*Setaria plicata*	泛热带分布	多年生草本	药用	生于山坡林下、沟谷地阴湿处或路边杂草地上
345	禾本科	狗尾草	*Setaria viridis*	泛热带分布	一年生草本	药用	生于海拔4 000 m以下的荒野、道旁，为旱地作物常见的一种杂草
346	天南星科	石菖蒲	*Acorus gramineus*	东亚和北美洲间断分布	多年生草本	药用	常见于海拔20～2 600 m的密林下，生长于湿地或溪旁石上
347	天南星科	魔芋	*Amorphophallus konjac*	热带亚洲至热带非洲分布	多年生宿根性块茎草本植物	食用药用	栽培
348	天南星科	大野芋	*Colocasia gigantea*	热带亚洲（印度—马来西亚）分布	多年生常绿草本	食用药用	常见于沟谷地带，特别是石灰岩地区，生于林下湿地或石缝中；多与海芋混生，组成芭蕉—海芋群落
349	天南星科	虎掌	*Pinellia pedatisecta*	中国—喜马拉雅（SH）	多年生草本	药用	海拔1 000 m以下，生于林下、山谷或河谷阴湿处

续表

序号	科名	种名	学名	地理分布类型	生活习性	用途	生境特征
350	天南星科	半夏	*Pinellia ternata*	中国—喜马拉雅（SH）	多年生草本	药用	海拔 2 500 m 以下，常见于草坡、荒地、玉米地、田边或疏林下，为旱地中的杂草之一
351	棕榈科	棕榈	*Trachycarpus fortunei*	东亚（东喜马拉雅—日本）	常绿乔木	药用	通常仅见栽培于四旁，罕见野生于疏林中，海拔上限 2 000 m 左右，也可栽培
352	莎草科	丝叶薹草	*Carex capilliformis*	世界分布	多年生草本	—	生于山坡林下，海拔 2 000～3 600 m
353	莎草科	三穗苔草	*Carex tristachya*	世界分布	多年生草本	观赏	生长于海拔 600 m 的地区，多生在山坡路边和林下潮湿处
354	莎草科	莎草	*Cyperus rotundus*	世界分布	多年生草本	药用	生于山坡草地、耕地、路旁水边潮湿处
355	莎草科	水蜈蚣	*Kyllinga polyphylla*	世界分布	多年生草本	药用或观赏	低海拔湿润草地广布
356	莎草科	红鳞扁莎草	*Pycreus sanguinolentus*	泛热带分布	一年生草本	观赏	生长于山谷、田边、河旁潮湿处，或长于浅水处，多在向阳的地方
357	鸭跖草科	饭包草	*Commelina bengalensis*	泛热带分布	多年生披散草本	药用	生于海拔 2 300 m 以下的湿地
358	鸭跖草科	鸭跖草	*Commelina communis*	泛热带分布	一年生披散草本	药用	生于湿地
359	鸭跖草科	杜若	*Pollia japonica*	旧世界热带分布	多年生草本	药用	生于海拔 1 200 m 以下的山谷林下
360	百合科	粉条儿菜	*Aletris spicata*	泛热带分布	多年生草本	药用	生于山坡上、路边、灌丛边或草地上，海拔 350～2 500 m
361	百合科	薤白	*Allium macrostemon*	北温带分布	多年生草本	药用	生于耕地杂草中及山地较干燥处
362	百合科	蜘蛛抱蛋	*Aspidistra elatior*	东亚（东喜马拉雅—日本）	多年生草本	药用	栽培
363	百合科	四川蜘蛛抱蛋	*Aspidistra sichuanensis*	东亚（东喜马拉雅—日本）	多年生草本	药用	分布于酸性土山谷距离溪边 5～20 m 林下湿度很大的区域或石灰岩山谷圆洼地和山坡中下部山槽等阴湿处

续表

序号	科名	种名	学名	地理分布类型	生活习性	用途	生境特征
364	菝葜科	肖菝葜	*Heterosmilax japonica*	热带亚洲(印度—马来西亚)分布	攀援灌木	药用或观赏	生于山坡密林中或路边杂木林下,海拔500~1800 m
365	百合科	菝葜	*Smilax china L.*	泛热带分布	攀援灌木	药用或观赏	生于海拔2 000 m以下的林下灌木丛中,路旁、河谷或山坡上
366	百合科	麦冬	*Ophiopogon japonicus*	东亚(东喜马拉雅—日本)	多年生草本	药用	生于海拔2 000 m以下的山坡阴湿处、林下或溪旁
367	百合科	多花黄精	*Polygonatum cyrtonema*	北温带分布	多年生草本	观赏	生于林下、灌丛或山坡阴处,海拔500~2 100 m
368	百合科	吉祥草	*Reineckia carnea*	东亚(东喜马拉雅—日本)	多年生常绿草本	药用	生于阴湿山坡、山谷或密林下,海拔170~3 200 m
369	百合科	万年青	*Rohdea japonica*	中国—喜马拉雅(SH)	多年生草本	药用	生于林下潮湿处或草地上,海拔750~1 700 m
370	百合科	绵枣儿	*Barnardia japonica*	欧亚和南非洲(有时也在大洋洲)间断分布	多年生草本	药用	生于海拔2 600 m以下的山坡、草地,路旁或林缘
371	石蒜科	忽地笑	*Lycoris aurea*	东亚分布	多年生草本	药用或观赏	生于海拔2 000 m以下的草丛、山坡灌丛中、河谷湿林中、石边肥沃地、溪边石缝、阴湿山坡
372	薯蓣科	黄独	*Dioscorea bulbifera*	泛热带分布	多年生缠绕草本	药用	多生于河谷边、山谷阴沟或杂木林边缘,有时房前屋后或路旁树荫下也能生长
373	薯蓣科	薯蓣	*Dioscorea polystachya*	泛热带分布	缠绕草质藤本	药用	生于山坡、山谷林下,溪边、路旁的灌丛中或杂草中,或为栽培
374	鸢尾科	蝴蝶花	*Iris japonica*	北温带分布	多年生草本	药用	生于山坡较阴蔽而湿润的草地、疏林下或林缘草地

续表

序号	科名	种名	学名	地理分布类型	生活习性	用途	生境特征
375	里白科	芒萁	Dicranopteris pedata	热带亚洲分布	多年生草本	观赏	生于强酸性土的荒坡或林缘,在森林砍伐后或放荒后的坡地上常成优势的中草群落
376	海金沙科	海金沙	Lygodium japonicum	热带亚洲至大洋洲分布	多年生攀援草本	药用	山坡灌木丛中或沟边坡状上
377	碗蕨科	边缘鳞盖蕨	Microlepia marginata	热带亚洲分布	多年生常绿草本	药用或观赏	生于林下或溪边,海拔300~1 500 m
378	蕨科	蕨	Pteridium aquilinum var. latiusculum	东亚分布	多年生草本	药用	生于海拔200 m以上的山坡、荒地、荒地、林下、林缘向阳处
379	凤尾蕨科	蜈蚣草	Eremochloa ciliaris	旧大陆热带分布	多年生草本	药用	生于山坡、路旁草丛中
380	凤尾蕨科	刺齿半边旗	Pteris dispar	热带亚洲分布	陆生矮小多年生植物	药用或观赏	在井栏边、石缝、墙根等阴湿处常见其踪影
381	凤尾蕨科	井栏边草	Pteris multifida	热带亚洲分布	多年生草本	药用	生于墙壁、井边及石灰岩缝隙或灌丛下,海拔1 000 m以下
382	凤尾蕨科	半边旗	Pteris semipinnata	热带亚洲分布	多年生草本	药用	生于疏林下阴处、溪边或岩石旁的酸性土壤上,海拔850 m以下
383	中国蕨科	毛轴碎米蕨	Cheilosoria chusana	热带亚洲分布	陆生蕨类植物	药用	生于路边、林下或溪边石缝,海拔120~830 m
384	中国蕨科	中华隐囊蕨	Notholaena chinensis	中国-喜马拉雅分布(SH)	陆生蕨类植物	药用或观赏	生于石灰岩石缝、边坡
385	中国蕨科	野雉尾金粉蕨	Onychium japonicum	热带亚洲分布	多年生草本	药用	海拔250~1 900 m,沟边或灌丛阴处
386	蹄盖蕨科	介蕨	Dryoathyrium	热带亚洲至热带非洲分布	陆生中型植物	观赏	生于常绿林下溪边阴湿处,海拔560~3 300 m
387	金星蕨科	毛蕨	Cyclosorus interruptus	中国-日本分布(SJ)	中型的陆生林下植物	药用	生于山坡或路边

续表

序号	科名	种名	学名	地理分布类型	生活习性	用途	生境特征
388	金星蕨科	金星蕨	*Parathelypteris glanduligera*	热带亚洲分布	一年生草本	药用	生于疏林下
389	金星蕨科	中日金星蕨	*Parathelypteris nipponica*	中国－日本分布（SJ）	一年生草本	药用	生于丘陵地区的疏林下，海拔 400～2 500 m
390	金星蕨科	延羽卵果蕨	*Phegopteris decursive-pinnata*	东亚分布	多年生草本	药用或观赏	生于冲积平原和丘陵低山区的河沟两岸或路边林下，海拔 50～2 000 m
391	金星蕨科	披针新月蕨	*Pronephrium penangianum*	中国－喜马拉雅分布（SH）	多年生草本	药用或观赏	群生于疏林下或阴地水沟边，海拔 200～3 000 m
392	铁角蕨科	华中铁角蕨	*Asplenium sarelii*	温带亚洲分布	多年生草本	—	生于山沟中石灰岩上
393	卷柏科	薄叶卷柏	*Selaginella delicatula*	热带亚洲分布	多年生草本	药用	生于林下或沟谷阴湿处
394	卷柏科	疏松卷柏	*Selaginella effuse*	热带亚洲分布	卷柏科植物疏松卷柏的全草	药用	生于山坡草地和林边
395	卷柏科	江南卷柏	*Selaginella moellendorffii*	热带亚洲分布	多年生常绿草本	药用	生于岩石缝中，海拔 100～1 500 m
396	卷柏科	翠云草	*Selaginella uncinata*	中国－喜马拉雅分布（SH）	多年生草本	药用或观赏	生于林下，海拔 50～1 200 m，中国特有，其他国家也有栽培
397	乌毛蕨科	狗脊	*Woodwardia japonica*	中国－日本分布	多年生树形蕨类	药用或观赏	生于山沟及溪边林下酸性土中，喜温暖和空气湿度较高的环境，畏严寒，忌烈日，对土壤要求不严，在肥沃排水良好的酸性土壤中生长良好，生于海拔 900 m 左右的山麓沟边及林下
398	乌毛蕨科	顶芽狗脊	*Woodwardia unigemmata*	热带亚洲分布	中等大小或小形陆生植物	药用	生于疏林下或路边灌丛中，喜钙质土，海拔 450～3 000 m
399	鳞毛蕨科	中华复叶耳蕨	*Arachniodes chinensis*	中国－喜马拉雅分布（SH）	多年生常绿草本	—	生于山地杂木林下，海拔 450～1 600 m
400	鳞毛蕨科	贯众	*Cyrtomium fortunei*	热带亚洲分布	多年生草本	药用	生于空旷地石灰岩缝或林下，海拔 2 400 m 以下

续表

序号	科名	种名	学名	地理分布类型	生活习性	用途	生境特征
401	鳞毛蕨科	阔鳞鳞毛蕨	*Dryopteris championii*	中国－日本分布（SJ）	陆生中型蕨物	药用	生于疏林下或灌丛中,海拔 300~1 500 m
402	鳞毛蕨科	黑足鳞毛蕨	*Dryopteris fuscipes*	热带亚洲分布	常绿草本植物	药用	生于林下
403	鳞毛蕨科	太平鳞毛蕨	*Dryopteris pacifica*	中国－日本分布（SJ）	陆生中型蕨物	—	生于山坡林下
404	鳞毛蕨科	对马耳蕨	*Polystichum tsus-simense*	热带亚洲分布	多年生常绿草本	药用	生于常绿阔叶林下或灌丛中,海拔 250~3 400 m
405	水龙骨科	瓦韦	*Lepisorus thunbergianus*	东亚分布	多年生草本	药用或观赏	生于海拔 250~1 400 m 的林中树干、石上或瓦缝中
406	水龙骨科	江南星蕨	*Neolepisorus fortunei*	热带亚洲分布	多年生草本	药用或观赏	生于林下石岩上,旧墙上或树干上
407	水龙骨科	有柄石韦	*Pyrrosia petiolosa*	温带亚洲分布	多年生常绿植物	药用	生于山地裸露岩石上或岩石缝内阴湿处
408	槲蕨科	槲蕨	*Drynaria roosii*	热带亚洲分布	多年生附生草本	药用	附生树干上或石上,偶生于墙缝,海拔 100~1 800 m
409	木贼科	节节草	*Equisetum ramosissimum*	北温带分布	多年生草本	药用	生于沟旁、田边、潮湿草地,广泛分布各地,喜近水,农田杂草

参考文献

［1］崔向慧.陆地生态系统服务功能及其价值评估:以中国荒漠生态系统为例[D].北京:中国林业科学研究院,2009.

［2］刘国华,傅伯杰.生态区划的原则及其特征[J].环境科学进展,1998(6):67－72.

［3］欧阳志云,王如松,赵景柱.生态系统服务功能及其生态经济价值评价[J].应用生态学报,1999,10(5):635－640.

［4］杨丽.生态系统服务及价值评估的研究进展[J].淮阴师范学院学报(哲学社会科学版),2001,23(5):624－628.

［5］肖寒,欧阳志云.森林生态系统服务功能及其生态经济价值评估初探:以海南岛尖峰岭热带森林为例[J].应用生态学报,2000,11(4):481－484.

［6］Masrh G P. Man and nature[M]. New York:Charles Scribner,1864.

［7］李文华,等.生态系统服务功能价值评估的理论、方法与应用[M].北京:中国人民大学出版社,2008.

［8］刘玉龙,马俊杰,金学林,等.生态系统服务功能价值评估方法综述[J].中国人口·资源与环境,2005,15(1):88－92.

［9］李金昌.资源核算论[M].北京:海洋出版社,1991.

［10］李金昌.生态价值论[M].重庆:重庆大学出版社,1999.

［11］张嘉宾.关于计算森林效益的基础理论与程序的初步研究[J].林业资源管理,1982,17(3):1－5.

［12］马世骏,王如松.社会-经济-自然复合生态系统[J].生态学报,1984,4(1):3－11.

［13］侯学煜.中国自然地理:植物地理(下册)[M].北京:科学出版社,1988.

［14］欧阳志云,王如松.生态系统服务功能、生态价值与可持续发展[J].世界科技研究与发展,2000,22(5):45－50.